Béchir Dridi Rezgui

Films nanocomposites à base de nanoparticules de silicium

Béchir Dridi Rezgui

Films nanocomposites à base de nanoparticules de silicium

Applications en photovoltaïque de troisième génération

Presses Académiques Francophones

Impressum / Mentions légales
Bibliografische Information der Deutschen Nationalbibliothek: Die Deutsche Nationalbibliothek verzeichnet diese Publikation in der Deutschen Nationalbibliografie; detaillierte bibliografische Daten sind im Internet über http://dnb.d-nb.de abrufbar.
Alle in diesem Buch genannten Marken und Produktnamen unterliegen warenzeichen-, marken- oder patentrechtlichem Schutz bzw. sind Warenzeichen oder eingetragene Warenzeichen der jeweiligen Inhaber. Die Wiedergabe von Marken, Produktnamen, Gebrauchsnamen, Handelsnamen, Warenbezeichnungen u.s.w. in diesem Werk berechtigt auch ohne besondere Kennzeichnung nicht zu der Annahme, dass solche Namen im Sinne der Warenzeichen- und Markenschutzgesetzgebung als frei zu betrachten wären und daher von jedermann benutzt werden dürften.

Information bibliographique publiée par la Deutsche Nationalbibliothek: La Deutsche Nationalbibliothek inscrit cette publication à la Deutsche Nationalbibliografie; des données bibliographiques détaillées sont disponibles sur internet à l'adresse http://dnb.d-nb.de.
Toutes marques et noms de produits mentionnés dans ce livre demeurent sous la protection des marques, des marques déposées et des brevets, et sont des marques ou des marques déposées de leurs détenteurs respectifs. L'utilisation des marques, noms de produits, noms communs, noms commerciaux, descriptions de produits, etc, même sans qu'ils soient mentionnés de façon particulière dans ce livre ne signifie en aucune façon que ces noms peuvent être utilisés sans restriction à l'égard de la législation pour la protection des marques et des marques déposées et pourraient donc être utilisés par quiconque.

Coverbild / Photo de couverture: www.ingimage.com

Verlag / Editeur:
Presses Académiques Francophones
ist ein Imprint der / est une marque déposée de
OmniScriptum GmbH & Co. KG
Heinrich-Böcking-Str. 6-8, 66121 Saarbrücken, Deutschland / Allemagne
Email: info@presses-academiques.com

Herstellung: siehe letzte Seite /
Impression: voir la dernière page
ISBN: 978-3-8381-4904-2

Zugl. / Agréé par: Lyon, INSA de Lyon, Diss., 2010

Copyright / Droit d'auteur © 2014 OmniScriptum GmbH & Co. KG
Alle Rechte vorbehalten. / Tous droits réservés. Saarbrücken 2014

Plus grand nous cherchons, plus grand est notre étonnement, plus grand est notre émerveillement pour ce que nous contemplons

Abdus Salam
Prix Nobel de Physique 1979

Tous ceux qui sont sérieusement impliqués dans la science finiront par être convaincus qu'un Esprit se manifeste dans les lois de l'Univers, un Esprit immensément supérieur à celui de l'homme

Albert Einstein
Prix Nobel de Physique 1921

Remerciements

Ce travail est le fruit d'une aventure de trois ans rythmés par la collaboration, le soutien, la dynamique et l'enthousiasme de nombreuses personnes que je souhaite vivement remercier.

Je remercie vivement Georges Bremond d'avoir effectué un suivi rigoureux et régulier de ce travail. Son esprit visionnaire et ses qualités humaines ont beaucoup contribué à la réalisation du travail. Je tiens à remercier également Daniel Bellet pour ses conseils durant les nombreuses réunions et au travers de dizaines de messages électroniques.

Je remercie profondément Mustapha Lemiti qui m'a toujours fait part de ses grandes compétences scientifiques, pour ses précieux conseils et ses qualités humaines.

Ma sincère estime et un grand merci vont vers Abel Sibai pour sa contribution précieuse à ce travail. Ses connaissances pointues de la spectroscopie d'absorption optique ont permis une analyse précise des résultats de caractérisation par spectroscopie FTIR.

Cette étude n'aurait pu être réalisée sans la collaboration avec Tetyana Nychyporuk. Je la remercie pour m'avoir fourni les couches de nitrure de silicium. Je remercie également Fabrice Gourbilleau pour ses multiples contributions à ce travail (fourniture d'échantillons, discussions scientifiques ...).

Merci à Dieu

Table des matières

1 Les nanostructures de silicium : Apport des nanosciences à la conversion photovoltaïque   **10**
    1.1 Intérêt des nanostructures de silicium 11
        1.1.1 Propriétés fondamentales du silicium cristallin 11
        1.1.2 Effet de la taille sur les propriétés des nanostructures de silicium . 12
        1.1.3 Confinement dans les nanoparticules de silicium amorphes 15
        1.1.4 Nanoparticules de silicium insérées dans une couche diélectrique : choix de la matrice 16
    1.2 Les nanostructures de silicium pour la conversion photovoltaïque 17
        1.2.1 Pertes physiques dans une cellule solaire standard 17
        1.2.2 Concepts de cellules photovoltaïques à haut rendement 18
            Les dispositifs photoniques 19
            Les matériaux à mécanismes d'absorption optimisés 20
            Les "machines thermiques" : cellules à porteurs chauds 21
        1.2.3 Cellule photovoltaïque tandem "tout silicium" : principe et verrous scientifiques et technologiques 22

2 Ingénierie de bande interdite de Si à partir d'une couche diélectrique riche en silicium : cas du nitrure et de l'oxyde de silicium   **24**
    2.1 Etude des nanoparticules de Si dans une couche amorphe de SiN_x : H déposée par PECVD 25
    2.2 Mise en évidence de la formation *in-situ* des nanoparticules de silicium dans une couche de SiN_x 27
        2.2.1 Caractérisation par microscopie électronique à transmission 27
        2.2.2 Analyse par spectroscopie Raman 28
    2.3 Mesure de la bande interdite du matériau nanostructuré 30
        2.3.1 Rappel de différents types de transitions radiatives 30
        2.3.2 Mécanismes de luminescence dans les couches de SiN_x : H riche en silicium 34
        2.3.3 Effet de la stoechiométrie de la couche SiN_x 37
        2.3.4 Effet de la pression totale des gaz 45
        2.3.5 Effet de la puissance RF 49
        2.3.6 Effet de la température de dépôt 50
        2.3.7 Effet du temps de décharge du plasma 52
    2.4 Influence d'un traitement thermique sur les propriétés des couches composites 53
        2.4.1 Cas d'un recuit rapide 53

	2.4.2	Cas d'un recuit classique	57
2.5		Cas des nanoparticules de silicium insérées dans une matrice de SiO_2	60
2.6		Conclusion du chapitre	61

3 Etude des structures multicouches 63

3.1		Multicouches d'oxyde de silicium déposées par pulvérisation magnétron : Matériau de base	63
	3.1.1	Contrôle de la taille des nanoparticules de silicium	66
	3.1.2	Effet de l'énergie d'excitation sur les propriétés de luminescence	68
3.2		Multicouches de nitrure de silicium déposées par PECVD	69
	3.2.1	Analyse chimique et structurale	70
	3.2.2	Etude des propriétés de luminescence	74
3.3		Super-réseaux de nanoparticules de silicium déposées à partir d'un plasma en régime de poudres	75
3.4		Conclusion du chapitre	76

4 Propriétés photovoltaïques de couches composites et de multicouches contenant des nanoparticules de silicium 79

4.1		Propriétés d'absorption des couches nanostructurées	80
	4.1.1	Mesures d'absorption optique dans l'UV-Vis-proche IR	80
	4.1.2	Coefficient d'absorption des nanoparticules de silicium dans SiN_x	81
	4.1.3	Effet de la taille des nanoparticules de silicium : approche multicouche	82
4.2		Propriétés de photocourant des couches composites et multicouches	84
	4.2.1	Mécanismes de transport dans les couches composites	84
	4.2.2	Simulation des courants tunnel à travers des barrières diélectriques	88
	4.2.3	La spectroscopie de photocourant	91
	4.2.4	Mesure du courant photogénéré dans les couches composites de nitrure de silicium	92
	4.2.5	Mesures de conduction et du photocourant des structures en multicouches d'oxyde de silicium	94
	4.2.6	Propriétés de photocourant des super-réseaux préparés à partir d'un plasma poudreux	98
4.3		Analyse quantitative de photocourant	99
4.4		Conclusion du chapitre	101

5 Ingénierie du dopage dans les couches nanocomposites 103

5.1		Dopage des nanoparticules de silicium	104
5.2		Etude du dopage des couches composites de SiN_x	105
	5.2.1	Analyse physico-chimique des couches dopées	105
	5.2.2	Effet du dopage sur les propriétés de luminescence	108
5.3		Dopage des couches composites de SiO_2	111
5.4		Effet du recuit thermique	112
5.5		Conclusion du chapitre	114

Annexes

A Les différents régimes de confinement dans une boîte quantique   **129**
    A.1 Régime de faible confinement 130
    A.2 Régime de fort confinement 131
    A.3 Régime de confinement intermédiaire 131

B La spectrométrie Raman   **133**
    B.1 Principe 133
       B.1.1 Diffusion Rayleigh 134
       B.1.2 Diffusion Raman 134
    B.2 Bandes caractéristiques du silicium 134

Introduction

L'étude de la matière à l'échelle nanométrique est le sujet d'un nombre croissant de travaux depuis les deux dernières décénies, en raison des avancées technologiques dans l'élaboration et la caractérisation des nano-matériaux. Les nano-objets sont de plus en plus utilisés dans le cadre de nouvelles applications et occupent une place de plus en plus importante dans notre vie. Ils sont la base d'une nouvelle révolution scientifique et technologique. En effet, le fort développement des nanotechnologies permet de réaliser des objets de très petites dimensions, qui présentent des propriétés différentes de celles des objets macroscopiques. C'est en particulier le cas des nanoparticules de silicium de dimensions inférieures à quelques nanomètres qui présentent, du fait du confinement quantique, un gap supérieur à celui du silicium massif ainsi que des propriétés physiques intéressantes.

Plusieurs domaines ont exploité les propriétés uniques des nanoparticules de silicium, et ce pour différentes applications. En électronique, les propriétés de localisation des charges ont été utilisées pour la fabrication des mémoires non volatiles [1]. Elles offrent des performances supérieures en terme de temps de rétention et fiabilité, comparées aux mémoires de grille flottante classiques. Dans le domaine d'affichage, les émetteurs d'électrons balistiques à nanoparticules de silicium semblent être une solution prometteuse pour une nouvelle génération d'écrans. Des prototypes de tels écrans montrant la faisabilité en grande échelle ont été fabriqués [2]. Plusieurs essais de fabrication des diodes électroluminescentes à base du silicium nanostructuré ont été également réalisés [3].

Depuis quelques années, une activité de recherche se développe autour de l'utilisation des nanostructures de silicium (nanoparticules, nanofils ...) dans le domaine du photovoltaïque (PV) pour accroître le rendement des cellules solaires. En effet, la principale limite au rendement des cellules PV est l'inadéquation entre le spectre du rayonnement solaire incident et le spectre d'absorption de la cellule PV. L'augmentation du rendement de conversion lumière/courant électrique passe donc par l'adaptation du rayonnement solaire à la sensibilité spectrale des cellules PV.

De nombreuses publications attestent aujourd'hui que l'introduction des nanostructures de silicium dans la filière photovoltaïque pourrait créer le potentiel de dépasser un certain nombre de limites. Dans ce domaine, les propriétés particulières que présentent ces nano-objets peuvent être exploitées de différentes façons.
- Superposition de multiples cellules (utilisant des bandes d'énergie différentes)
- Cellules à concentration
- Utilisation des photons à basse énergie qui ne sont habituellement pas absorbés par la cellule
- Cellules à porteurs chauds produisant plus de pairs électron/trou pour des énergies supérieures à la bande interdite

- Conversion des photons pour ajuster le spectre de la lumière solaire aux caractéristiques du semiconducteur.

Cependant, tous ces mécanismes sont aujourd'hui loin de la maturité pour les applications en PV. Nous sommes au stade de l'élaboration de matériaux optimisés et de la recherche de démonstrations de concepts. La littérature actuelle foisonne en travaux sur l'élaboration et l'étude des propriétés physiques des couches diélectriques contenant des nanoparticules de silicium, ainsi que leur intégration dans des dispositifs photovoltaïques. Les dispositifs de tests démontrent les propriétés quantiques recherchées et un rendement de conversion de quelques points plus élevé devrait être possible. Le but scientifique de ces travaux de recherche est de comprendre les phénomènes thermodynamiques (germination, coalescence, ségrégation ...) qui permettent de former les nanocristallites de silicium dans une matrice de nitrure ou d'oxyde de silicium. L'objectif technologique est de contrôler la taille et la distribution des nanocristallites dans ce type de matrice. Ainsi, pour l'intégration de ces nanomatériaux dans des cellules PV de troisième génération, il est important de valider leurs performances.

Le présent travail s'inscrit donc dans le cadre de l'étude de nanoparticules de silicium insérées dans une matrice diélectrique d'oxyde ou de nitrure de silicium sous forme de couches minces obtenues par différentes techniques de dépôt. Cette étude a pour but la compréhension des propriétés physiques de ces nanomatériaux et leur caractérisation, leurs technologies et leurs applications aux dispositifs photovoltaïques. Ce travail est à caractère fondamental puisque le concept proposé de cellule photovoltaïque nécessite encore de nombreuses recherches de développement en nanofabrication et sur les études des propriétés physiques particulières qui en découlent. Le plan de ce travail se décompose de la manière suivante :

Dans le **premier chapitre**, nous rappelons les effets de la diminution de la taille sur les propriétés physiques des nanostructures de silicium. Ensuite, nous présentons les pertes physiques qui limitent le rendement d'une cellule solaire à base de silicium ainsi que les différents concepts de troisième génération proposés pour réduire ces pertes et atteindre de meilleurs rendements de conversion. Le concept de cellule tandem à base des nanoparticules de silicium sera également présenté avec une attention particulière sur les verrous scientifiques et technologiques à lever afin de réaliser une telle cellule.

Le **deuxième chapitre** est consacré à l'étude des conditions de formation des nanoparticules de silicium dans des couches de nitrure enrichies en silicium déposées par PECVD. L'objectif étant de retrouver des conditions de dépôt optimales sur le plan de l'énergie d'émission des nanoparticules de Si (effet de la taille) et de l'intensité d'émission (effet de la densité). Ainsi, l'évolution de l'énergie et de l'intensité de photoluminescence est analysée en fonction de différents paramètres de dépôt (puissance rf, pression des gaz, température de substrat, flux des gaz ...). Les résultats obtenus sont confrontés aux résultats de caractérisation structurale afin d'aborder les mécanismes de luminescence dans nos échantillons. Cette étude montre aussi tout l'intérêt d'utiliser des couches fines à base de nanoparticules de silicium pour obtenir une ingénierie de bande interdite pouvant absorber les photons bleus issus du rayonnement solaire. L'étude de l'influence d'un traitement thermique sur les propriétés de luminescence des couches SiN_x riches en silicium permettent de clarifier les mécanismes d'émission de la lumière dans ces structures. Dans la dernière partie de ce chapitre nous présentons les résultats de caractérisation obtenus sur un matériau "de base" constitué de nanograins de silicium insérés dans une matrice de SiO_2.

Les propriétés optiques et structurales des structures multicouches fabriquées par différentes techniques de dépôt sont étudiées dans le **troisième chapitre**. Les résultats obtenus sur des multicouches $SiO_2/SiO_x/SiO_2$ déposées par pulvérisation magnétron permettent de valider les performances de telles structures, en particulier pour le contrôle de la taille des nanoparticules. Des structures similaires déposées par PECVD en alternant une couche de nitrure stoechiométrique et une couche de nitrure riche en silicium sont également étudiées. Une étude menée sur une nouvelle approche "multicouches", obtenue en utilisant un nouveau procédé de fabrication de nanoparticules de silicium par passage aux conditions de plasma poudreux, sera présentée. En particulier, les résultats obtenus par microscopie à force atomique permetteront de montrer tout l'intérêt de ces structures dans le contrôle de la taille et la densité des nanoparticules formées.

Dans le **quatrième chapitre**, l'accent est mis sur l'analyse des propriétés d'absorption et de transport de charges des couches nanostructurées afin de tester leur efficacité "photovoltaïque" et évaluer la possibilité de réaliser des cellules multijonctions à base de ces nanomatériaux. La dépendance du coefficient d'absorption et du courant photogénéré de la taille et la densité des nanoparticules de silicium est ainsi présentée. Une étude du courant généré par effet tunnel direct entre deux nanoparticules voisines ou entre les nanoparticules et les électrodes a été réalisée et les résultats obtenus seront également présentés dans ce chapitre.

Le **dernier chapitre** sera dédié à l'étude de l'ingénierie de dopage des couches nanostructurées. En particulier, nous étudions l'influence d'atomes d'impuretés sur les propriétés optiques de nanoparticules de silicium immergées dans différentes matrices diélectriques. Les résultats obtenus sont confrontés aux propriétés physico-chimiques des couches dopées afin de comprendre le rôle des dopants sur les mécanismes de luminescence des échantillons étudiés. Finalement, nous discutons des conséquences de nos prédictions dans le contexte de l'utilisation de nanoparticules en photovoltaïque.

Chapitre 1

Les nanostructures de silicium : Apport des nanosciences à la conversion photovoltaïque

Sommaire

1.1	**Intérêt des nanostructures de silicium**	11
	1.1.1 Propriétés fondamentales du silicium cristallin	11
	1.1.2 Effet de la taille sur les propriétés des nanostructures de silicium	12
	1.1.3 Confinement dans les nanoparticules de silicium amorphes	15
	1.1.4 Nanoparticules de silicium insérées dans une couche diélectrique : choix de la matrice	16
1.2	**Les nanostructures de silicium pour la conversion photovoltaïque**	17
	1.2.1 Pertes physiques dans une cellule solaire standard	17
	1.2.2 Concepts de cellules photovoltaïques à haut rendement	18
	1.2.3 Cellule photovoltaïque tandem "tout silicium" : principe et verrous scientifiques et technologiques	22

Depuis la découverte par L.T. Canham [4] en 1990 de l'intense luminescence émise à température ambiante par le silicium poreux, de très nombreuses études ont été consacrées de part le monde entier au silicium nanostructuré dans ses formes les plus variées. Le silicium cristallin massif est quasiment non-luminescent à température ambiante et n'émet que très faiblement à très basse température dans le domaine de l'infrarouge. En revanche, le spectre intense du silicium poreux dans le domaine du visible obtenu à 300 K permet d'envisager une utilisation de ce matériau pour des dispositifs électroniques et optoélectroniques puisqu'il représente le double avantage d'être de bien moindre coût que les matériaux utilisés jusqu'ici (GaAs, GaAlAs, InP ...) et de s'intégrer aisément à la technologie à grande échelle du silicium. Dans ce chapitre nous rappellerons dans un premier temps les propriétés électroniques et optiques du silicium massif, puis nous décrirons les effets de la diminution de la taille sur les propriétés des nanostructures de silicium. L'accent sera mis dans ce travail en particulier sur l'étude des nanoparticules de silicium insérées dans une matrice isolante.

1.1 Intérêt des nanostructures de silicium

1.1.1 Propriétés fondamentales du silicium cristallin

En dépit des excellentes propriétés électroniques du silicium massif, sa structure de bandes électroniques est responsable, en revanche, du piètre rendement de recombinaison radiative de ses porteurs, comparé à celui qui prévaut pour les composés III-V utilisés en optoélectronique. En effet, dans le silicium, le maximum de la bande de valence se situe au point Γ de la première zone de Brillouin alors que le minimum de la bande de conduction se situe près du point X (Fig. 1.1). La recombinaison d'un électron de la bande de conduction et d'un trou de la bande de valence doit donc se faire à l'aide d'une troisième particule, le phonon, pour pouvoir répondre à la conservation du moment cinétique. L'absorption ou l'émission du phonon rend le processus de recombinaison indirect puisqu'il nécessite l'interaction de trois particules (électron, trou, phonon). Il s'agit donc d'un processus de second ordre beaucoup moins probable que le processus direct dans l'arséniure de gallium (GaAs), par exemple, lequel est du premier ordre. La transition est donc assez peu probable avec des temps de décroissance de l'ordre de quelques *ms*.

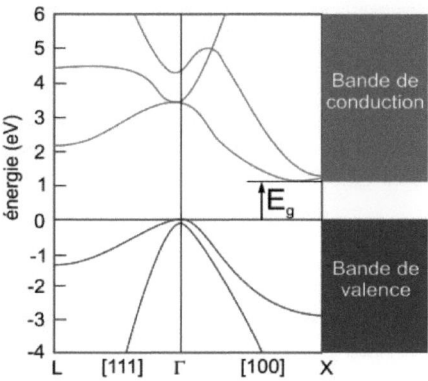

Fig. 1.1 – Structure de bande du silicium massif cristallin

Dans ce cas, d'autres phénomènes entrent en compétition. En particulier, comme la paire électron-trou a une forte mobilité dans le silicium (l'exciton dans le silicium a une vitesse de 10 m/s à 11 K [5]), elle va explorer une zone importante du cristal avant de se recombiner. Même avec un cristal de très grande pureté, la probabilité de trouver un défaut non-radiatif est extrêmement élevé. Il en résulte que les rendements de luminescence sont directement proportionnels à la pureté du matériau (absence d'atomes étrangers à la matrice et absence d'autres défauts comme les dislocations, les joints de grains et surtout les liaisons pendantes qui "tuent" la luminescence) [6]. Les rendements de luminescence typique pour le silicium sont de l'ordre de 10^{-5} - 10^{-7} et ils peuvent monter à 10^{-3} dans le cas du silicium purifié obtenu par la méthode de la zone flottante [7].

1.1.2 Effet de la taille sur les propriétés des nanostructures de silicium

Actuellement, la quasi-totalité des circuits intégrés sont en silicium, le transistor en étant le composant de base. La microélectronique comme l'optoélectronique se caractérise par une évolution vers la miniaturisation constante des composants et ceux-ci pour deux raisons. Une raison économique visant à intégrer le maximum de composants sur une seule puce et une raison fondamentale puisque les propriétés de la matière et donc du composant vont être complètement modifiées pour des dimensions inférieures à la longueur d'onde de De Broglie définie par :

$$\lambda = \frac{2\pi h}{\sqrt{2m_{eff}E}} \qquad (1.1)$$

où h est la constante de Planck ($6.62610^{-34} Js$) et E l'énergie d'une particule de masse effective m_{eff}, (E > 0).

Pour de telles dimensions (quelques nanomètres), la notion de trajectoire doit alors être remplacée par celle d'état quantique et de fonction d'onde.
Le modèle de la masse effective donne une idée rapide des effets du confinement quantique. Pour représenter le système, nous considérons un électron de fonction d'onde ψ confiné dans un puits de potentiel infini de largeur L à une dimension. La largeur L du puits représente la dimension finie du silicium. La fonction d'onde de l'électron vérifie l'équation de Schrödinger :

$$H\psi(x) = -\frac{\hbar^2}{2m}\frac{d^2}{dx^2}\psi(x) = E\psi(x) \qquad (1.2)$$

où m est la masse de l'électron, $\hbar$ la constante de Planck divisée par 2π et E l'énergie de l'état considéré.
En prenant comme conditions aux limites l'annulation de la fonction d'onde sur les parois, nous obtenons la relation :

$$E = n^2 \frac{\hbar^2}{2m}\frac{\pi^2}{L^2} \qquad (1.3)$$

avec n entier strictement positif. L'énergie des états augmente donc lorsque la taille du système diminue. Cet effet se produisant également avec les trous, l'écart énergétique entre les états de la bande de valence et ceux de la bande de conduction, c'est à dire le gap du système, s'écrit finalement :

$$E = 1.1 + \frac{\hbar^2\pi^2}{2}\left(\frac{1}{m_e^*} + \frac{1}{m_h^*}\right)\frac{1}{L^2} \qquad (1.4)$$

où m_e^* et m_h^* représentent les masses effectives des électrons et des trous. Ce modèle simple montre qualitativement que confiner les porteurs dans des structures de silicium de dimension finie provoque une augmentation du gap inversement proportionnelle au carré de la dimension latérale.

De nombreuses autres méthodes de calcul plus élaborées permettent de lier quantitativement la taille des cristallites et l'énergie du gap, que ce soit pour des nanocristaux [8, 9, 10] ou des fils cristallins [11, 12]. Ces méthodes utilisent l'approximation des masses effectives (EMA[1]), la méthode des liaisons fortes (ETB[2]), du pseudopotentiel (EPS[3]) et l'approximation de la densité locale (LDA[4]). Chaque méthode est appliquée sur des structures cristallines de taille finie dans lesquelles l'hydrogène passive les liaisons pendantes du silicium.

La réduction de la dimension des agrégats de silicium permet ainsi de relaxer les règles de sélection sur le vecteur d'onde. La forte localisation des fonctions d'onde décrivant l'électron et le trou conduit à une extension de celles ci dans l'espace des vecteurs d'onde et leur recouvrement devient donc plus important. Ainsi, l'existence d'un gap indirect dans le cas de nanostructures de silicium ne limite plus de façon aussi forte les transitions radiatives. Le rendement radiatif est ainsi augmenté de plusieurs ordres de grandeur, avec des temps de vie radiatifs allant de la microseconde jusqu'à quelques dizaines de nanosecondes. Pour des tailles de particules de silicium inférieures à 2 nm, des transitions à zéro phonon peuvent être obtenues avec un bon rendement [13].

De plus, le confinement des porteurs est un moyen d'augmenter l'énergie des photons émis vers des valeurs supérieures à celle du gap du massif. Dans le cas du silicium, des photons peuvent être obtenus dans le domaine visible. Le contrôle de la taille des nanoparticules permet également de contrôler la longueur d'onde d'émission (Fig.1.2). Cette propriété, observable à température ambiante et dans le domaine visible (du vert au rouge suivant la taille des grains), est généralement attribuée au phénomène de confinement quantique même si les mécanismes exacts d'émission sont encore sujets à débat. D'autre part, les études théoriques réalisées par Delley et al. [14] ont suggéré que la force d'oscillateur diminue rapidement quand la taille des clusters de silicium augmente et tend vers zero pour des tailles proches de celle du silicium massif. Récemment, des calculs semi-empiriques basés sur les liaisons fortes ont été effectués par Trani et al. [15] sur des nanocristaux de silicium ayant des formes différentes. Ces calculs ont montré que les transitions de type dipolaire ont une force d'oscillateur de l'ordre de 10^{-1} pour les crystallites de silicium de très petite taille. Ce résultat est en bon accord avec celui de Dovrat et al. [16] obtenu expérimentalement par des mesures de photoluminescence résolue en temps sur des nanocristaux de silicium dans une matrice d'oxyde. Ces études permettent de rendre compte de l'accroissement de la probabilité de recombinaison radiative dans le silicium nanostructuré.

Les spectres d'émission obtenus à partir des couches contenant des nanoparticules de

---

[1] Effective Mass Approximation
[2] Empirical Tight Binding
[3] Empirical Pseudo-potential
[4] Local Density Approximation

silicium sont toutefois larges, avec des largeurs à mi-hauteur de l'ordre de la centaine de nanomètres. Cette largeur peut être attribuée à une distribution importante de tailles des nanoparticules.

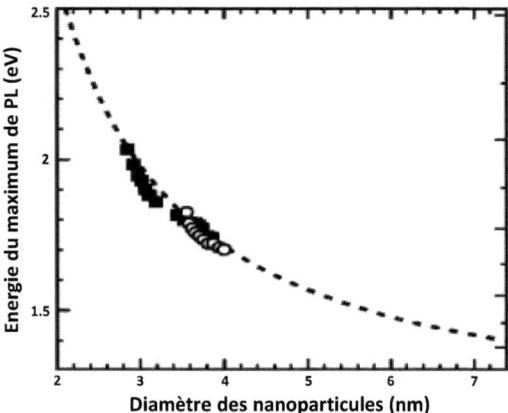

FIG. 1.2 – Position du maximum du pic de photoluminescence (directement lié à la largeur de la bande interdite) en fonction du diamètre des nanoparticules de silicium

Outre les propriétés optiques et électroniques particulièrement intéressantes, les nanostructures de silicium présentent des proprités électriques nouvelles telles que le blocage de Coulomb ou le passage d'un électron unique par effet tunnel à travers une barrière qui peuvent être utilisées pour concevoir de nouveaux dispositifs électroniques [17]. En effet, dans une structure qui consiste en un réseau d'ilôts séparés par des barrières tunnel, la conductivité peut être ajustée en contrôlant la taille des nanoobjets. Delerue [18] a montré que le processus tunnel entre deux cristallites peut se faire entre de nombreux états électroniques. Ceci est due au fait que la structure électroniques des cristallites de silicium est souvent fort complexe du fait de la dégénérescence des bandes de conduction ou de valence dans le silicium massif.

En considérant une structure composée de deux sphères connectées par un pont cylindrique suffisament petit pour que le couplage introduit entre les sphères soit faible, l'auteur a considéré que deux types de processus tunnel sont possibles (Fig.1.3). Le premier correspond à une particule (électron ou trou) initialement dans la plus grande cristallite (sphère) si bien que son transfert vers un état de plus haute énergie de la plus petite cristallite n'est possible que par activation thermique. Le second est le processus inverse : l'effet tunnel peut avoir lieu de manière presque résonante vers un état excité de la plus grande cristallite ou vers les états de plus basse énergie par émissions de phonons.

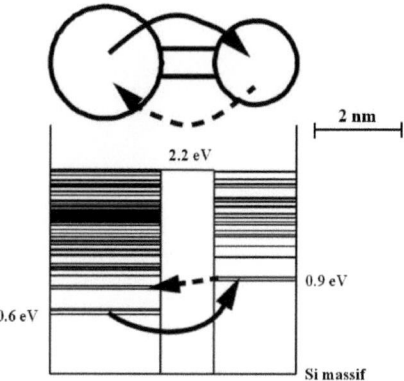

FIG. 1.3 – Haut : représentation schématique d'une structure typique composée de deux nanocristallites sphériques connectées par un pont cylindrique. Bas : états les plus bas de la bande de conduction des deux sphères. Les énergies des bas de bande de conduction des sphères et du cylindre indiquées sont référencées par rapport au bas de bande de conduction du silicium massif (d'après [18])

1.1.3 Confinement dans les nanoparticules de silicium amorphes

Certains chercheurs ont étudié la luminescence des nanostructures de silicium amorphes telles que les nanoparticules de silicium insérés dans une matrice de SiN_x [19] ou du silicium poreux obtenu à partir d'une couche de silicium amorphe hydrogéné [20]. La particularité de ces structures est d'émettre dans le visible à l'ambiante en dépit d'une absence d'ordre cristallin. Pour rendre compte de ces résultats, différents modèles ont été proposés dans la littérature. Le calcul théorique effectué par Allan et al. [21] sur des amas de silicium amorphe hydrogéné et non hydrogéné a montré un élargissement du gap lorsque la taille de l'amas diminue, conjointement avec la disparition des états localisés près des bords des distributions d'états de l'amorphe hydrogéné (Fig. 1.4(a)). Cet effet de taille est identique à celui observé dans le cas d'un nanocristal de silicium.

Estes et Moddel [22] ont proposé un modèle qui suggère un confinement spatial des porteurs au sein des états des queues de bandes du silicium amorphe hydrogéné et qui pourrait expliquer les propriétés de photoluminescence dans le visible. La figure 1.4(b) illustre la distribution des états électroniques dans le silicium amorphe, incluant les états des queues de bandes et les états plus profonds dus au désordre structural de l'amorphe. Considérant un petit volume de silicium amorphe, Estes et Moddel suggèrent que plus celui-ci est faible, moins est importante la probabilité de piégeage des porteurs thermalisés par les défauts profonds. Ainsi, lorsque le rayon de la particule, supposé sphérique, est inférieur à un certain rayon de capture Rc, au-dessous duquel le piégeage des porteurs est considéré statistiquement faible, le taux de recombinaison radiative augmente, entraînant l'apparition de l'intense photoluminescence. La différence fondamentale de ce modèle avec celui proposé par Allan et al. est que la structure de bandes n'est pas modifiée par le confinement spatial : le modèle de confinement spatial prévoit que la largeur de bande interdite correspond à celle du silicium amorphe de valeur 1.7 eV.

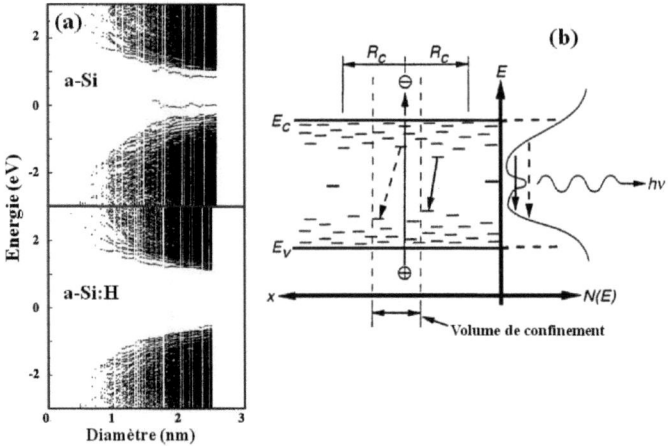

FIG. 1.4 – (a) Distribution des états électroniques du Si amorphe non hydrogéné (en haut) et hydrogéné en fonction de la taille de l'amas (en bas) (d'après [21]). (b) Représentation du modèle de confinement spatial dans le silicium amorphe (d'après [22])

1.1.4 Nanoparticules de silicium insérées dans une couche diélectrique : choix de la matrice

De nombreuses méthodes de préparation ont été utilisées pour élaborer des films contenant des nanostructures de silicium, principalement dans des matrices d'oxyde de silicium. Le principe de base consiste à obtenir des films de silice enrichis en silicium. Les films peuvent ainsi être obtenus par implantation de Si dans SiO_2 [23, 24], ou par dépôt direct d'oxydes sous-stoechiométriques par méthodes CVD [25], pulvérisation cathodique [26] ou évaporation [27]. Ces dépôts sont généralement suivis de traitements thermiques à hautes températures, typiquement 1000 °C, pour former les nanoparticules. Le traitement thermique est également un moyen efficace de passiver les défauts chimiques et de structure qui limitent le rendement d'émission. Ces méthodes conduisent généralement à une forte dispersion de la taille des nanoparticules. Des méthodes de dépôts utilisant des structures multicouches sont alors une alternative permettant de mieux contrôler la taille des nanoparticules. Ainsi des multicouches SiO/SiO_2 [28] ont été élaborées afin d'obtenir des distributions en taille limitée par les barrières de SiO_2.

Le nitrure de silicium est une alternative intéressante pour les applications en cellules photovoltaïques tandem. En effet, le gap optique de la phase amorphe Si_3N_4 vaut 4.6 eV (5.3 eV pour la phase cristalline), ce qui est plus faible que celui de SiO_2 (8.2 eV). De plus, ce gap peut être contrôlé en faisant varier la stoechiométrie x des alliages SiN_x. Les nitrures peuvent donc être utilisés pour confiner des agrégats de silicium, comme cela a été fait avec les oxydes. Ils possèdent toutefois un avantage sur les oxydes puisque la barrière tunnel à l'interface Si/Si_3N_4 est égale à 2 eV pour les électrons et 1.5 eV pour les trous, ce qui est inférieur à la barrière du dioxyde de silicium et devrait donc permettre

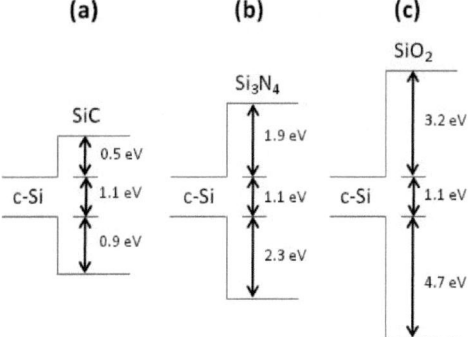

FIG. 1.5 – Diagrammes de bandes à l'interface entre le silicium et une matrice de : (a) carbure de silicium, (b) nitrure de silicium et (c) dioxyde de silicium [29]

un meilleur transport des porteurs dans les dispositifs photovoltaïques [29] (Fig.1.5). De plus, les nanoparticules de silicium peuvent se former *in-situ* dans la couche de SiN$_x$ sans avoir besoin d'un traitement thermique [30].

1.2 Les nanostructures de silicium pour la conversion photovoltaïque

Deux grandes familles de cellules photovoltaïques existent actuellement ; la première est représentée par les cellules basées sur une seule jonction p-n et utilisant généralement le silicium sous forme cristalline comme matériau semiconducteur. Cette technologie est la plus mature et prédomine donc le marché industriel. Cependant, sa limite majeure est le coût par Watt produit, qui a deux origines majeures : le prix du matériau et le rendement théorique maximal d'environ 30 % [31]. Les couches minces constituent la seconde génération de technologie photovoltaïque qui vise à minimiser les coûts liés au matériau. Dans cette génération, nous distinguons le silicium amorphe (a-Si), le disélénium de cuivre indium (CIS), le tellurure de cadmium (CdTe), entre autres. La production de ce type de cellules est moins coûteuse que la première génération puisqu'elle consomme moins de matériau semiconducteur et ne nécessite pas de passer par l'étape de transformation du silicium en "wafers". Le problème de cette seconde génération est le rendement moindre de ce type de cellules (14 % en laboratoire) et la toxicité de certains éléments (cadmium) pour leur fabrication.

1.2.1 Pertes physiques dans une cellule solaire standard

Aujourd'hui, un quart seulement de l'énergie solaire reçue peut être transformé en électricité par les cellules photovoltaïques. Le rendement de conversion est limité par les différents facteurs de pertes qui existent dans une cellule solaire et qui sont dus soit aux

restrictions purement physiques liées au matériau, soit aux limitations technologiques induites par le processus de fabrication. Nous ne présenterons içi que les pertes physiques liées aux propriétés intrinsèques du matériau et nous renvoyons le lecteur à la référence [32] pour plus de détails sur les pertes technologiques dues aux processus de fabrication de la cellule. A noter qu'il existe deux types de pertes physiques, illustrées sur la figure1.6, qui représentent ensemble plus que 50 % des pertes totales dans une cellule photovoltaïque :
- Les pertes par les photons de grande longueur d'onde qui ne sont pas absorbés par le matériau silicium et qui ne peuvent donc pas générer de paire électron-trou et sont donc perdus. Les mécanismes d'absorption assistée par phonons permettent néanmoins de repouser la limite inférieure de l'énergie correspondant au gap du matériau (1.052 eV au lieu de 1.124 eV dans le cas d'une absorption assistée par un phonon dans le silicium [33]). Sous un éclairement de AM1.5, ces pertes sont évaluées à 23.5 % dans le cas du silicium [34].
- Les pertes dues à l'énergie excédentaire des photons. En effet, l'excès d'énergie, supérieur à la largeur de la bande interdite, est principalement dissipé sous forme de chaleur (thermalisation). Sous un éclairement de AM1.5, ces pertes sont évaluées à 33 % de la puissance totale dans le cas du silicium [34].

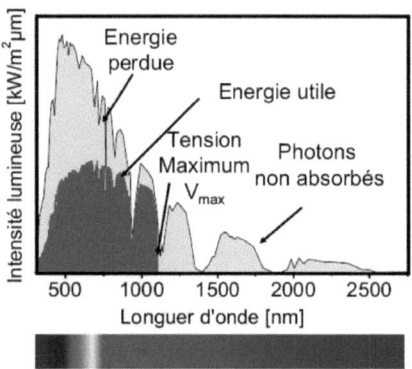

FIG. 1.6 – Les principales pertes physiques dans une cellule solaire en silicium

1.2.2 Concepts de cellules photovoltaïques à haut rendement

Au vu des limites exposées ci-dessus, il est possible d'imaginer des dispositifs de conversion plus performants que ceux réalisés actuellement avec comme objectif d'obtenir des cellules à haut rendement (Fig. 1.7). Les stratégies d'augmentation des rendements peuvent être regroupées en trois directions principales, toutes ayant des rendements de conversion ultimes voisins de 85 % [35].

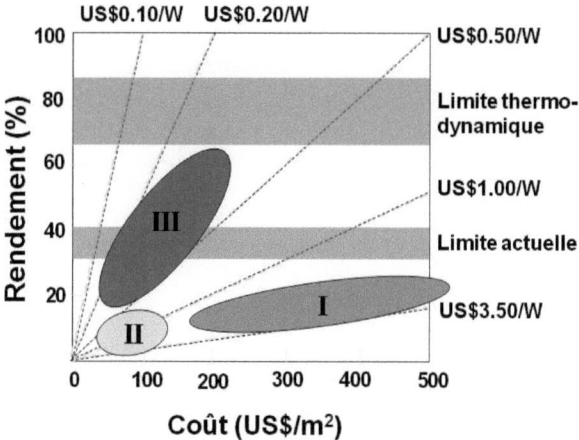

FIG. 1.7 – Rentabilité d'un système photovoltaïque en fonction du rendement de la cellule et du coût du module [35]. Les zones chiffrées correspondent aux trois générations de cellules photovoltaïques

Les dispositifs photoniques

Si toutes l'énergie solaire était concentrée dans une bande spectrale étroite, les dispositifs actuels seraient déjà capables d'en convertir plus de 50 %. Nous pouvons donc essayer d'adapter le spectre incident à une ou plusieurs photodiodes. Les exigences nouvelles portent donc ici sur les propriétés optiques des matériaux.

a) Les multijonctions
L'utilisation de plusieurs cellules de gaps différents, chacune optimisée pour une partie différente du spectre solaire, permet en principe d'augmenter le rendement des cellules solaires. Pour un nombre donné de cellules et un spectre d'insolation fixé, il existe un choix optimal des gaps donnant le rendement le plus élevé [36] : par exemple, pour trois cellules sous concentration maximale, le rendement théorique maximum est de 63 % (49 % sans concentration). Ces dispositifs, parfois appelés "tandems", fonctionnent déjà, et ont démontré des rendements de 43 % (sous concentration) [37]. Ils sont extrêmement sophistiqués dans leur réalisation et dans leur utilisation, mais c'est le premier type de dispositifs à potentiel de rendement élevé effectivement réalisé. C'est toujours aujourd'hui la seule manière démontrée d'obtenir des rendements de conversion de l'énergie solaire supérieurs à 30 %. Les rendements les plus élevés ont été obtenus avec des structures basées sur des empilements de composés III-V en épitaxie. Des dispositifs tandem de grande taille comportant deux et trois jonctions ont aussi été réalisés avec des modules à base de couches minces de silicium amorphe, mais leurs rendements restent inférieurs à 15 %. En fait, le gain incrémental de puissance acquis par l'ajout d'une cellule dans un tandem comprenant N jonctions, varie comme $1/N^2$. Si nous prenons en compte les imperfections du système, le gain espéré de l'ajout d'une cellule supplémentaire est voisin de zéro dès

la quatrième cellule.

b) Les "transformateurs" optiques
Une voie alternative consiste en l'interconversion de photons en amont du dispositif, de manière à obtenir un spectre plus étroit en énergie. Considérons d'abord l'approche "addition de photons". Les photons dont l'énergie est trop faible pour être utilisés directement par une cellule photovoltaïque classique, pourraient être en principe convertis par un dispositif d'optique non linéaire en un nombre plus faible de photons d'énergie plus grande. L'ensemble des photons de haute énergie est alors dirigé vers une cellule classique efficace dans ce domaine spectral. Les principales recherches sur le sujet se font en utilisant des matériaux dans lesquels un rayonnement infrarouge est absorbé par plusieurs ions d'une terre rare, qui transfèrent ensuite de manière cohérente leur énergie à un autre lanthanide, capable d'émettre efficacement à la fréquence double. Les quelques tentatives faites jusqu'ici ont prouvé la faisabilité du concept, mais avec un succès limité en termes de gain d'efficacité absolue : environ 3 % des photons dans l'infrarouge dans la bande étroite d'absorption des terres rares utilisées, sous une illumination équivalente à 250 soleils, ont été effectivement convertis en photons de plus haute énergie.

Le principe de la "division de photons" consiste, à l'inverse, à absorber des photons de haute énergie dans un convertisseur luminescent pour émettre des photons de plus basse énergie, mais en plus grand nombre, vers une cellule solaire dont le seuil d'absorption est adapté. Le convertisseur fluorescent (e.g. YF_3:Pr ou $LiGdF_4$:Eu) peut être placé en face avant, et avec un bon confinement optique ; l'essentiel de la lumière émise est absorbée par la cellule.

Les matériaux à mécanismes d'absorption optimisés

a) Les dispositifs à niveaux intermédiaires

Outre les transitions de la bande de valence à la bande de conduction qui ont lieu dans les semi-conducteurs sous l'effet du rayonnement, certains matériaux peuvent absorber des photons de plus basse énergie via des niveaux intermédiaires situés dans la bande interdite, qui jouent le rôle d'une "échelle à électrons" [38]. L'un des grands avantages de l'utilisation de ces matériaux est la réalisation d'un dispositif analogue à une multi-jonction pour ce qui est des rendements, mais avec la simplicité de l'élaboration d'une simple jonction. Une bonne absorption des niveaux intermédiaires suppose qu'ils soient à moitié occupés (c'est aussi la condition pour la vitesse de recombinaison la plus élevée). Il faut donc chercher des systèmes dans lesquels ces niveaux ont un caractère "métallique", sans pour autant trop accroître la vitesse de recombinaison non radiative. Il existe de nombreuses manières d'obtenir des niveaux ou des bandes intermédiaires comme, par exemple, par l'introduction de défauts étendus ou d'impuretés, ou d'un super-réseau de plots quantiques. D'autres systèmes à bandes intermédiaires, apparus plus récemment, paraissent intéressants. Il s'agit de composés semi-conducteurs ferromagnétiques, du type de GaAs :Mn, qui pourraient présenter des durées de vies des états intermédiaires élevées, à cause des règles de sélection sur le spin pouvant ralentir certains processus de recombinaison [39].

b) Les matériaux "scintillateurs"

L'absorption de photons dont l'énergie est plus de deux fois celle du gap permet d'envisager d'autres mécanismes que la création de phonons pour la thermalisation des paires électron-trous : l'excédent d'énergie peut servir à créer une seconde paire électron-trou, un phénomène nommé "ionisation par impact" (Fig. 1.8). Les rendements limites de dispositifs à ionisation par impact peuvent être intéressants, à condition que le processus soit efficace au voisinage du seuil minimal ($\approx$ 2 Eg). Des valeurs élevées d'ionisation par impact ne sont observées que pour des énergies de photons supérieures à 3 E_g [40].

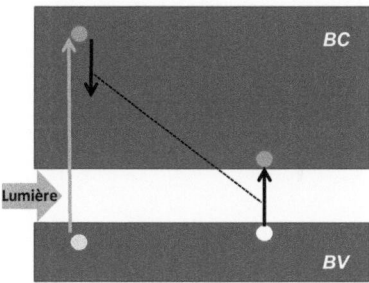

FIG. 1.8 – le phénomène d'ionisation par impact permet de transférer l'énergie excédentaire d'un porteur à un électron qui devient capable de passer de la bande de valence (BV) à la bande de conduction (BC)

Les "machines thermiques" : cellules à porteurs chauds

Les porteurs générés dans l'absorbeur ne se thermalisent pas instantanément avec le réseau à la température T_A, mais forment de manière transitoire un gaz d'électrons et de trous "chauds" : leur distribution correspond à une température $T_H > T_A$ (Fig.1.9). Si ces porteurs peuvent être collectés rapidement via des niveaux étroits en énergie E_{sn} et E_{sp}, les flux de chaleur avec les contacts sont minimaux et la transformation de l'énergie cinétique du gaz chaud en énergie potentielle électrique est optimale [41]. Les calculs de la limite de rendement donnent des valeurs très proches de celles obtenues avec un dispositif multijonction contenant une infinité de cellules, chacune adaptée à une fraction du spectre, et ce pour un système de conception beaucoup plus simple : il s'agit donc, en quelque sorte, du dispositif ultime de conversion de l'énergie solaire.

Aucune cellule à porteurs chauds n'a encore été réalisée. Cependant, des mesures effectuées dans les semi-conducteurs usuels montrent que les porteurs chauds se thermalisent en quelques picosecondes. Dans les années 90, les chercheurs ont découvert que le temps de thermalisation est fortement influencé à la fois par le niveau d'injection (i.e. l'intensité de l'excitation lumineuse) et par des effets de confinement [42]. Il apparaît donc que les vitesses de thermalisation peuvent se saturer dans des nanostructures sous un niveau suffisant d'illumination. Nous prévoyons alors des rendements de conversion qui pourraient dépasser 50 % sous concentration. Ces rendements sont très sensibles à la largeur énergétique des contacts au-delà de quelques meV, car ces derniers introduisent une perte

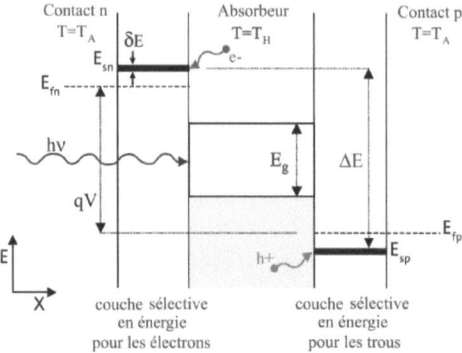

FIG. 1.9 – Diagramme de bandes d'énergie d'une cellule à porteurs chauds

thermique par transfert de chaleur. Plus que la vitesse de thermalisation, la réalisation de contacts efficaces risque d'être le point délicat dans la fabrication de ces dispositifs.

1.2.3 Cellule photovoltaïque tandem "tout silicium" : principe et verrous scientifiques et technologiques

Une cellule multijonction (ou cellule tandem), composée d'une succession de matériaux semiconducteurs de gap décroissant, permet de collecter efficacement le rayonnement incident avec une conversion photovoltaïque convergeant vers l'idéal pour un empilement infini. Une infinité de cellules opérant indépendamment conduirait en effet à un rendement de 86.8 % [43]. Des cellules à double ou triple jonction (GaInP/GaAs/Ge) ont été développées pour les applications spatiales, avec des rendements approchant les 30 %. Cependant, pour les applications terrestres, ces matériaux sont à la fois trop chers et très peu abondants.

Récemment, Conibeer et al. [44] ont proposé de réaliser des cellules tandem uniquement à base du silicium, matériau abondant, peu cher et non toxique susceptible de se diversifier pour se présenter sous la forme d'un matériau à largeur de bande interdite moyenne (1.1 eV) et assez grande (1.7 eV). En effet, les nanostructures de silicium de très petite dimension (inférieure à quelques nanomètres) présentent, du fait du confinement quantique, un gap supérieur à celui du silicium. Cette perspective a conduit au concept de cellule tandem "tout silicium" permettant une augmentation significative de la tension délivrée par rapport à la simple jonction (Fig.1.10). Le rendement maximal serait en effet de 42.5 % dans le cas d'une double jonction (1.7 eV/1.1 eV) et de 47.5 % pour une triple jonction (2 eV/1.5 eV /1.1 eV) [45].

Il est à noter que les cellules tandem à base de silicium sont d'autant plus intéressantes que celles-ci sont basées sur la technologie déjà éprouvée du silicium. Cependant, pour développer un tel concept, de nombreux verrous scientifiques et technologiques restent à

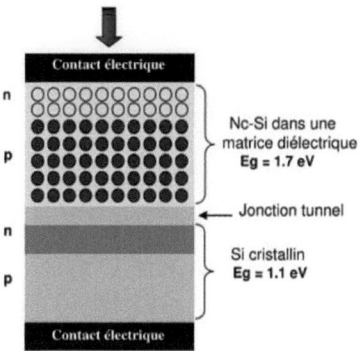

FIG. 1.10 – Structure d'une cellule tandem "tout silicium" à deux jonctions. La cellule supérieure est constituée de nanocristaux de silicium insérés dans une matrice à grand gap (SiO$_2$, Si$_3$N$_4$, SiC)

lever avant que la technologie ne soit maîtrisée. Une première étape consiste à optimiser les conditions de synthèse pour former des nanoparticules de silicium avec une forte densité ainsi qu'une taille entre 4 et 5 nm (un gap autour de 1.7 eV) nécessaire pour l'application visée. En effet, pour un éclairement de AM1.5, le gap optimal de la cellule supérieure permettant d'obtenir un rendement de conversion maximal est de 1.7 à 1.8 eV pour un dispositif à deux jonctions dans lequel la cellule inférieure est réalisée en silicium [46]. D'un autre côté, les nanoparticules de silicium insérées dans une couche isolante doivent avoir une bonne capacité d'absorption photonique afin d'absorber efficacement les radiations visibles. Cela signifie que le coefficient d'absorption des nanoparticules doit être au moins du même ordre de grandeur que celui du silicium massif. Une difficulté importante qu'il faudra aussi surmonter réside dans la conduction entre nanoparticules, condition nécessaire pour collecter les porteurs de charge mis en jeu dans la conversion photovoltaïque. Il faut donc que la matrice diélectrique dans laquelle les nanoparticules sont formées permette la conduction électrique d'une nanoparticule à l'autre par effet tunnel. Une telle conduction dépend essentiellement de la densité et de l'espacement des nanoparticules. Le problème de conduction dans de telles structures est au coeur des recherches actuelles car outre le fait que l'ensemble nanostructures-contact doit fonctionner sans être consommateur de trop d'énergie, il est la base même des futurs développements dans les domaines de la microélectronique et de l'optoélectronique tout silicium. Un effort particulier doit être entrepris pour doper ces nanostructures afin de former une jonction. En particulier, le comportement des dopants dans la matrice doit être maîtrisé : les nanodots sont obtenus in-situ ou par un recuit long de couches non-stoechiométriques. Le comportement des dopants lors d'un processus de dépôt ou pendant le recuit semble donc être un point essentiel et qui fait l'objet de recherches actuelles.

Chapitre 2

Ingénierie de bande interdite de Si à partir d'une couche diélectrique riche en silicium : cas du nitrure et de l'oxyde de silicium

Sommaire

- 2.1 Etude des nanoparticules de Si dans une couche amorphe de SiN_x : H déposée par PECVD 25
- 2.2 Mise en évidence de la formation *in-situ* des nanoparticules de silicium dans une couche de SiN_x 27
    - 2.2.1 Caractérisation par microscopie électronique à transmission .. 27
    - 2.2.2 Analyse par spectroscopie Raman 28
- 2.3 Mesure de la bande interdite du matériau nanostructuré ... 30
    - 2.3.1 Rappel de différents types de transitions radiatives 30
    - 2.3.2 Mécanismes de luminescence dans les couches de SiN_x : H riche en silicium 34
    - 2.3.3 Effet de la stoechiométrie de la couche SiN_x 37
    - 2.3.4 Effet de la pression totale des gaz 45
    - 2.3.5 Effet de la puissance RF 49
    - 2.3.6 Effet de la température de dépôt 50
    - 2.3.7 Effet du temps de décharge du plasma 52
- 2.4 Influence d'un traitement thermique sur les propriétés des couches composites 53
    - 2.4.1 Cas d'un recuit rapide 53
    - 2.4.2 Cas d'un recuit classique 57
- 2.5 Cas des nanoparticules de silicium insérées dans une matrice de SiO_2 60
- 2.6 Conclusion du chapitre 61

Les cellules solaires tandem "tout silicium" repose sur une ingénierie de la bande interdite du matériau silicium. Ceci passe par l'obtention de nanostructures de petites tailles, inférieures à quelques nanomètres, qui peuvent présenter, du fait du confinement quantique, un gap supérieur à celui du matériau massif. Dans ce chapitre, nous étudions les propriétés physiques (optiques, structurales ...) des structures constituées de nanoparticules de silicium insérées dans une matrice diélectrique d'oxyde ou de nitrure de silicium déposées par différentes techniques afin de valider la possibilité de fabrication de ces nano-objets. Tout d'abord, nous présentons les résultats de caractérisation par microscopie électronique à transmission et par spectroscopie Raman permettant de mettre en évidence la formation *in-situ* des agrégats de silicium dans une couche amorphe de SiN riche en silicium. Dans le but de contrôler la densité et la taille de nanoparticules de silicium dans la couche de nitrure, l'influence des différents paramètres de dépôt sur la formation des nanoparticules a été également étudiée, parmi lesquels la puissance du plasma, la température du substrat, la pression dans l'enceinte ainsi que le rapport R des flux des gaz précurseurs. Les propriétés de luminescence ont été ainsi mesurées et l'évolution de la bande interdite a été déterminée. La comparaison avec les résultats obtenus par des techniques d'analyse structurale et par des mesures optiques nous permettera de mettre en évidence des effets de confinement quantique dans ces structures. Afin de modifier la structure et d'augmenter la densité de nanoparticules de silicium, les films SiN_x ont été, par la suite, recuits dans différentes conditions. Nous développons donc les résultats de l'étude de la structure et des propriétés optiques de ces films sous l'effet d'un traitement thermique. Dans la dernière partie de ce chapitre, des structures similaires constituées de couches d'oxyde de silicium renfermant des nanparticules de silicium déposées par pulvérisation magnétron réactive et servant comme matériau de base seront étudiées.

2.1 Etude des nanoparticules de Si dans une couche amorphe de SiN_x : H déposée par PECVD

Bien qu'abondamment utilisés dans l'industrie microélectronique comme isolant, les nitrures de silicium n'ont jamais été envisagés comme des matériaux intéressants pour l'optoélectronique. Néanmoins, en réussissant à confiner des grains de silicium au sein d'une matrice de SiN_x riche en silicium, des structures photoluminescentes peuvent théoriquement être obtenues. Plusieurs techniques ont été utilisées pour élaborer de telles structures dites "composites", telles que la pulvérisation magnétron [47] et l'évaporation [48]. En revanche, le passage par un traitement thermique à haute température (1000 °C typiquement) pour la formation des nanoparticules est un paramètre limitant. D'autres techniques de dépôt chimique en phase vapeur, compatibles avec les procédés de la microélectronique actuelle, ont été également utilisées pour l'élaboration des nanoparticules de silicium (Np-Si). Parmi ces techniques, la PECVD a les avantages suivants : (i) procédé basse température (< 400 °C) ce qui permet le dépôt sur tous types de substrat (ii) synthèse de différents types de nanoobjets comme les nanotubes, nanofils et nanocristaux (iii) la capacité d'incorporer ces nanoobjets dans plusieurs types de matrices. Ces avantages conduisent à un très grand degré de liberté quant aux paramètres expérimentaux. De plus, cette méthode offre la possibilité de former des nanograins de silicium *in-situ* lors du dépôt de la couche SiN_x ce qui semble fortement intéressant notamment pour les applications industrielles.

En effet, des études expérimentales ont montré que des Np-Si peuvent être formées même à température ambiante dans des plasmas de silane pur ou dilué dans l'argon, l'hydrogène ou l'hélium. Dans une première étape, ces études [49] ont conduit au dépôt de couches minces de silicium polymorphe, un matériau nanostructuré constitué de nanocristaux de silicium dans une matrice de silicium amorphe hydrogéné (a-Si :H) [50]. Il a été proposé que ces nanocristaux proviennent du plasma plutôt que d'une transition discontinue ordre-désordre dans le matériau. Des particules chargées négativement ont effectivement été observées dans de nombreuses expériences de plasmas réactifs RF [51, 52]. Ces études ont mené à s'intéresser aux mécanismes conduisant à la formation de nanoparticules de silicium dans le plasma [53, 54].

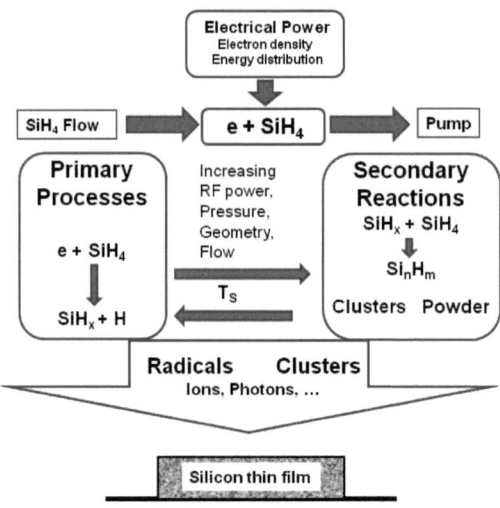

FIG. 2.1 – Illustration d'un exemple typique de mécanisme de croissance d'un agrégat de silicium dans un plasma de silane pur. La croissance commence à partir d'un radical SiH_3. Des réactions successives avec du SiH_4 permettent la croissance de l'agrégat (d'après [49])

Les études sur la formation et le comportement des nanoparticules dans les décharges de silane ont été menées par plusieurs équipes de recherche. Bien que les mécanismes de formation des nanoparticules sont toujours objet de discussion, il est bien établi que la formation de ces particules est un processus qui se déroule en trois étapes (Fig.2.1) : 1) Des ions négatifs sont piégés dans le plasma et se recombinent avec des radicaux. Alors que ces ions croissent en taille, leur charge totale commence à fluctuer. Les agrégats obtenus sont alors alternativement positifs, négatifs ou neutres et leur taille est de l'ordre de quelques nanomètres. 2) Ils peuvent coalescer puisque les fluctuations de charge les empêchent de se repousser totalement les uns des autres. 3) Après la phase de coalescence, les espèces ainsi formées acquièrent une charge négative permanente et une part importante des électrons du plasma. Pendant cette phase, les particules croissent par déposition de silicium amorphe sur leur surface [55].

Des études de simulation numérique [56] ont "montré" que la croissance des agrégats de silicium dans un plasma de silane pur est due à une succession de captures des atomes de silicium issus des molécules de silane. Ces captures successives sont suivies d'un dégagement plus ou moins important d'hydrogène. A chaque capture, de l'hydrogène provenant de la molécule de silane captée va être émis dans le plasma lors de l'inclusion de l'atome de silicium dans l'agrégat.

Dans le cas de nitrure de silicium, les espèces formées dans le plasma (nanoparticules, radicaux ...) arrivent en même temps sur la surface du substrat. Les radicaux forment la couche mince de nitrure de silicium, alors que les nanoparticules gardent leur morphologie et s'enterrent dans la couche. La cinétique de dépôt est contrôlée par les radicaux de silane et de disilane lorsque le flux de SiH_4 est important, conduisant à des couches riches en silicium [57, 58]. Lorsque la proportion de ce gaz diminue, les réactions en surface sont gouvernées par les radicaux aminosilanes et il en résulte une augmentation de la concentration d'azote.

Les couches de SiN_x contenant des nanoparticules de silicium étudiées dans ce travail ont été préparées au sein de l'équipe photovoltaïque de l'INL en utilisant un réacteur PECVD de type direct. La fréquence d'application du plasma est de 440 kHz (plasma capacitif basse fréquence) et les gaz précurseurs utilisés sont le silane pur (SiH_4) et l'ammoniac (NH_3).

2.2 Mise en évidence de la formation *in-situ* des nanoparticules de silicium dans une couche de SiN_x

Des couches fines de nitrure de silicium amorphes hydrogénées (a-SiN_x :H, x < 2) enrichies en silicium ont été déposées par PPECVD (Pulsed Plasma Enhanced Chemical Vapor Deposition) en utilisant l'ammoniac (NH_3) et le silane pur (SiH_4) comme gaz précurseurs. La proportion du silicium dans un film de nitrure de silicium s'ajuste en faisant varier le rapport R entre le débit d'ammoniac et celui du silane (R = NH_3/SiH_4). Plus ce rapport est faible, plus la proportion de silicium dans la couche est importante. Ainsi, l'excès en silicium dans la couche SiN_x gouverne la densité et la taille de Np-Si susceptibles de se former lors du dépôt de la couche.

2.2.1 Caractérisation par microscopie électronique à transmission

La microscopie électronique à transmission (TEM) est un outil indispensable pour la caractérisation des nanoparticules de silicium. Cette technique permet une visualisation directe des grains de silicium présents dans la matrice diélectrique. Des renseignements sur la structure cristalline, la distribution de tailles ainsi que la densité des grains pourront être obtenus grâce aux différents modes d'observation. Le principe de cette technique est détaillé dans les références [59, 60].

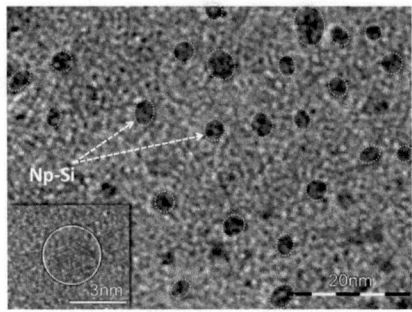

FIG. 2.2 – Image par microscopie électronique à transmission en mode haute résolution des nanoparticules de silicium insérées dans une couche amorphe de nitrure de silicium. Le rapport R des flux des gaz précurseurs utilisés pour le dépôt de la couche SiN$_x$ est égale à 10. La figure en insert montre une nanoparticule cristalline de silicium de 3 nm de diamètre pour laquelle nous observons les plans de diffraction. Les observations TEM sont réalisées au laboratoire IM2NP

La figure 2.2 présente une image TEM obtenue sur une couche de nitrure de silicium déposée en utilisant un rapport R de 10 et n'ayant subi aucun traitement post-dépôt. Ces analyses ont été réalisées à l'Institut Matériaux Microélectronique Nanosciences de Provence (IM2NP). Nous pouvons identifier les parties sombres, entourées par des cercles jaunes, comme des signatures de l'existence des zones riches en silicium. L'insert de la figure 2.2 montre que les nanoparticules de silicium formées sont cristallines. Contrairement au cas de l'oxyde de silicium, pour lequel un recuit à hautes températures pendant une heure est nécessaire pour former des agrégats de silicium, le dépôt d'une couche SiN$_x$ par PECVD permet d'obtenir, dans certaines conditions, des agrégats de silicium cristallins. Il est difficile, dans ce cas, d'attribuer la cristallisation des agrégats de silicium dans nos structures à un effet de température. En effet, la température utilisée pour déposer les couches de nitrure de silicium est insuffisante pour un tel réarrangement des agrégats formés *in-situ* pendant le dépôt PECVD. Des études récentes ont souligné l'importance de l'hydrogène sur la cristallisation des nanoparticules dans le plasma [61, 62].

Des analyses complémentaires par microscopie électronique à transmission, en mode haute résolution, d'une couche de nitrure de silicium préparée avec un rapport R égale à 10 ont révélé différentes morphologies de Np-Si, comme le montre la figure 2.3. En effet, les observations TEM faites à différents endroits nous ont permis d'observer des nanoparticules possédant des formes et des tailles différentes. Cette dispersion en taille peut, normalement, être contrôlée en jouant sur les différents paramètres de dépôt.

2.2.2 Analyse par spectroscopie Raman

La spectroscopie Raman est une méthode très efficace pour observer la présence des agrégats de silicium sous leur forme amorphe ou cristalline. En effet, le spectre Raman du silicium cristallin massif est caractérisé par un pic intense et étroit à 520 cm^{-1} qui correspond aux modes de phonons transverses optiques (TO). Pour des nanostructures de

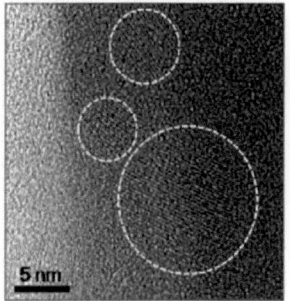 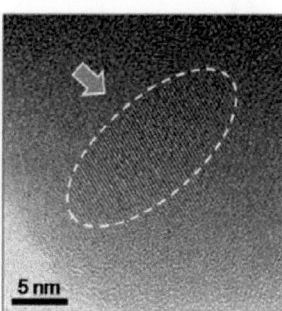

FIG. 2.3 – Images par microscopie électronique à transmission prises à différents endroits de la couche SiN$_x$. A gauche : image TEM montrant des nanoparticules de silicium sphériques de différentes tailles. A droite : image TEM d'une particule elliptique insérée dans la matrice amorphe de nitrure de silicium préparée avec un rapport des flux des gaz égal à 10. Les observations TEM sont réalisées au laboratoire IM2NP

silicium de faibles dimensions, ce pic se décale vers les faibles nombres d'onde. Les calculs d'Alben et al. ont montré qu'un effet de confinement des phonons pouvait conduire à une fréquence de vibration de 504 cm^{-1} [63]. Pour interpréter les spectres Raman dans le silicium nanocristallin, le modèle le plus souvent utilisé est le modèle phénoménologique de confinement de phonons [64, 65]. Ce modèle permet d'expliquer, non seulement le déplacement du pic Raman, mais aussi son élargissement et son caractère asymétrique.

Afin de confirmer la formation *in-situ* des nanoparticules de silicium au sein de la couche SiN$_x$, nous avons effectué des mesures Raman sur l'échantillon préparé avec un rapport R égale à 10. Les mesures ont été réalisées en utilisant un spectromètre type Renishaw et une longueur d'onde d'excitation de 514 nm d'un laser Ar$^+$. Le spectre Raman de l'échantillon étudié ainsi que celui du substrat de silicium cristallin sont représentés sur la figure 2.4. Le spectre de la couche composite présente un pic à 517 cm^{-1} décalé vers les petits nombres d'onde par rapport au pic du substrat. Ce pic est interprété comme étant caractéristique de la présence de cristallites de silicium confirmant ainsi les résultats obtenus par microscopie électronique. De plus, une bande large centrée autour de 484 cm^{-1} caractéristique d'une phase amorphe des nanoparticules est observée. Ainsi, ces expériences prouvent que les nanoparticules de silicium sont formées au sein de la couche de nitrure de silicium après le dépôt et sans avoir besoin d'un traitement thermique.

L'obtention de nanoparticules de silicium par une technique de dépôt basse température (370 °C) est fortement intéressante notamment pour les applications industrielles. Néanmoins, les caractéristiques (densité, taille ...) de ces nanoparticules doivent être maîtrisées de manière à pouvoir contrôler leurs propriétés optiques et de transport. Nous allons donc nous intéresser à l'étude de l'influence des conditions d'élaboration par PECVD de la couche SiN nanostructurée sur les propriétés optoélectroniques des Np-Si.

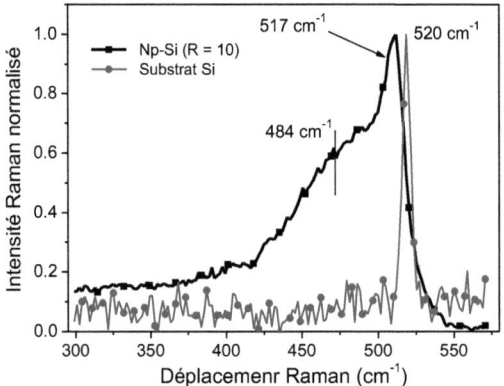

FIG. 2.4 – Spectre Raman d'une couche composite de SiN_x contenant des nanoparticules de silicium préparé avec un rapport R égale à 10. Le spectre est constitué d'un pic principal situé à 517 cm^{-1} et une bande large autour de 484 cm^{-1} montrant ainsi que les nanoparticules formées sont composées d'une phase cristalline et une autre amorphe. Le spectre du substrat de silicium est montré pour comparaison

2.3 Mesure de la bande interdite du matériau nano-structuré

Dans un système PECVD, les paramètres ajustables comme la pression totale, le débit des gaz, la température des électrodes et la puissance RF déterminent les différents régimes du plasma ainsi que les propriétés et la qualité (optique, structurale et électronique) du matériau synthétisé. Dans ce contexte, nous avons mené une étude systématique de l'évolution de la taille et de la densité des Np-Si dans une matrice SiN_x en fonction de différents paramètres de dépôt. Cette étude a pour but d'identifier les paramètres clés de l'élaboration et d'optimiser les conditions permettant d'obtenir les propriétés désirées en faisant une corrélation entre les comportements structural et optique de ce matériau. Afin de satisfaire les propriétés requises pour l'application visée, nous avons opté pour des nanoparticules de petite taille (quelques nanomètres), les plus uniformes et les plus "denses" possible, permettant d'avoir un gap autour de 1.7 - 1.8 eV ainsi qu'un faible espacement entre Np-Si, et donc une bonne conduction électrique. Un comportement atypique des propriétés de ces matériaux "composites" laisse entrevoir la nature complexe de l'émission par ce type de matériaux, dont la compréhension est indispensable pour parvenir à un matériau optimisé.

2.3.1 Rappel de différents types de transitions radiatives

A l'inverse des processus d'absorption qui impliquent un spectre très large incluant des états de chaque côté de l'énergie de Fermi, les processus d'émission couplent une bande étroite d'états contenant des électrons excités avec la bande étroite des états vides (contenant des trous excités) et, par conséquent, produisent un spectre plus étroit. La figure 2.5 montre les différents processus de recombinaison dans un semiconducteur.

a) Recombinaison bande à bande

Après excitation, les porteurs de charges retournent à leurs états de plus basses énergies. Ainsi, les électrons occupent le bas de la bande de conduction et les trous occupent le haut de la bande de valence. Si le semiconducteur a un gap direct et que la transition dipolaire électrique est permise, la paire électron-trou tend à se recombiner radiativement avec une grande probabilité. Au contraire, pour les semiconducteurs à gap indirect cette transition est assistée par un phonon et par suite sa probabilité est faible.
La recombinaison bande à bande est donc caractérisée par un seuil à basse énergie $\hbar\omega = E_g$ et par une queue à haute énergie dont la forme dépend de la température et du taux d'excitation (par l'intermédiaire du remplissage d'états de plus en plus profonds dans les bandes). Généralement, la forme de spectre d'émission bande à bande dépend non seulement de la température et de la densité d'excitation mais aussi du niveau de dopage, des queues de bande et des bandes d'impuretés [66].

b) Recombinaisons excitoniques

Excitons libres : Dans un matériau suffisamment pur, la paire électron-trou forme un exciton à basse température. En se recombinant, les excitons libres émettent des photons d'énergie

$$\hbar\omega = E_g - \frac{E_x}{n^2} \qquad (2.1)$$

où E_x est l'énergie de liaison de l'exciton. Ce qui donne une série de raies correspondant aux différentes valeurs de n. La raie la plus intense correspond au niveau fondamental (n = 1), l'intensité des raies variant en n^{-3}. La largeur des raies est due en partie à l'énergie cinétique de l'exciton. Dans le cas de la transition indirecte, ce processus est nécessairement accompagné de l'émission d'un phonon et l'énergie du photon émis vaut :

$$\hbar\omega = E_g - \frac{E_x}{n^2} - \hbar\omega_{\vec{Q}} \qquad (2.2)$$

Excitons liés à des impuretés neutres ou ionisés : Les excitons neutres électriquement peuvent se déplacer librement dans le cristal. Ils peuvent aussi être piégés par le potentiel perturbateur d'une impureté neutre ou ionisée. L'énergie est le critère fondamental qui conditionne l'existence d'un tel complexe.
Nous allons passer en revue les divers complexes possibles et les transitions correspondantes.

Complexe exciton-donneur ionisé (D^+X) : C'est un système à trois particules chargées : l'ion D^+, le trou h et l'électron e. Les termes de l'Hamiltonien du système peuvent être ordonnés et groupés de deux manières différentes, qui représentent deux façons de concevoir physiquement le complexe.

Première représentation :

$$H(D^+X) = [T_e + T_h + V(|\vec{r}_e - \vec{r}_h|)] + [V(|\vec{R}_D - \vec{r}_e|) + V(|\vec{R}_D - \vec{r}_h|)] \qquad (2.3)$$

Les trois premiers termes représentent l'énergie de l'exciton $H(X)$, les deux autres représentent les énergies d'interaction de chacune des particules de l'exciton avec l'ion D^+. Le complexe est considéré comme un exciton lié à un donneur ionisé.

Deuxième représentation :

$$H(D^0X) = [T_e + V(|\vec{R}_D - \vec{r}_e|)] + [T_h + V(|\vec{R}_D - \vec{r}_h|) + V(|\vec{r}_e - \vec{r}_h|)] \qquad (2.4)$$

Les deux premiers termes représentent alors l'énergie du donneur neutre $H(D^0)$, les derniers représentent l'énergie d'interaction du trou avec le donneur neutre.
La représentation convenable est celle qui correspond à la plus grande énergie de liaison. Ainsi, supposons que E_i est l'énergie nécessaire pour arracher l'électron et le trou du complexe (D^+X) ou (D^0h), alors :

$$E_i = E_d(D^+X) + E_X \qquad (2.5)$$

dans le cas de la première représentation, et

$$E_i = E_d(D^0X) + E_D \qquad (2.6)$$

dans le cas de la deuxième représentation.
où $E_d(D^+X)$ représente l'énergie de dissociation du complexe en un donneur ionisé et un exciton, et $E_d(D^0h)$ l'énergie de dissociation du complexe en un donneur neutre et un trou.
Par égalisation de (2.5) et (2.6) nous obtenons :

$$E_d(D^+X) + E_X = E_d(D^0h) + E_D \qquad (2.7)$$

et comme $m_e^* > \mu$ alors $E_D > E_X$ et par suite $E_d(D^+X) > E_d(D^0h)$. Ainsi l'exciton lié (D^+X) représente correctement le complexe.

Complexe exciton-accepteur ionisé (A^-X) : Le calcul de l'énergie du complexe (A^-X) est le même que celui de l'énergie du complexe (D^+X). Il a été repris par Hopfield qui montre que le complexe ne peut exister que si le rapport des masses satisfait la condition $1/\sigma < 1.4$ qui est l'inverse de celle régissant l'existence du complexe (D^+X). Hopfield conclut que si dans un matériau le complexe (D^+X) est possible, le complexe (A^-X) ne l'est pas et inversement. Pour la majorité des semiconducteurs $m_h^* >> m_e^*$, par conséquent (D^+X) existe et (A^-X) n'existe pas. La recombinaison de l'exciton lié à un donneur ionisé émet un photon d'énergie :

$$\hbar\omega = E_g - E_A - \delta E_A \qquad (2.8)$$

où δ un paramètre qui dépend du matériau.

Complexe exciton-impureté neutre (D^0X) et (A^0X) : Les complexes exciton-donneur neutre (D^0X) et exciton-accepteur neutre (A^0X) sont stables pour toute valeur de σ. Haynes [67] a observé expérimentalement que l'énergie de dissociation du complexe en une impureté neutre et un exciton libre est environ 10% de l'énergie d'ionisation de l'impureté. Ce résultat connu sous le nom de règle de Haynes est confirmé par le calcul dans la majorité des cas.
La recombinaison d'un exciton lié à un donneur neutre émet un photon d'énergie :

$$\hbar\omega = E_g - E_X - \alpha E_D \qquad (2.9)$$

Alors que la recombinaison d'un exciton lié à un accepteur neutre émet un photon d'énergie :

$$\hbar\omega = E_g - E_X - \gamma E_A \qquad (2.10)$$

où α et γ dépendent de la nature du matériau.

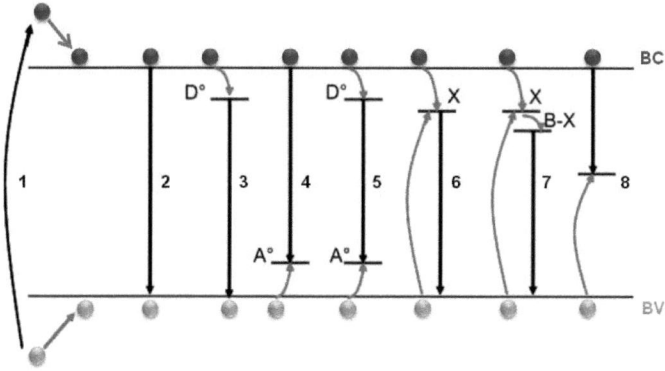

FIG. 2.5 – Différents processus de recombinaison dans un semiconducteur : (1) Excitation et thermalisation, (2) recombinaison bande à bande, (3) Donneur - bande de valence, (4) bande de conduction - accepteur, (5) donneur - accepteur, (6) exciton libre, (7) exciton lié et (8) bande - impureté profonde. Les flèches noires représentent les recombinaisons radiatives

c) Recombinaison bande-impureté

Les transitions trou de la bande de valence-donneur neutre (D^0, h) et électron de la bande de conduction-accepteur neutre (A^0, e) ont comme énergies respectives :

$$\hbar\omega = E_g - E_D \qquad (2.11)$$

et
$$\hbar\omega = E_g - E_A \qquad (2.12)$$

Dans le cas des semiconducteurs non ou peu dopés et dans lesquels les énergies d'ionisation des donneurs sont très différentes des énergies d'ionisation des accepteurs, la présence des recombinaisons bande-impureté neutre doit permettre de déterminer la nature chimique des impuretés présentes dans le matériau.

d) Recombinaison donneur-accepteur

Considérons un semiconducteur dans lequel il y a simultanément des donneurs et des accepteurs. A l'équilibre et à basses températures, les électrons sont transférés des donneurs aux accepteurs (compensation partielle) créant ainsi des paires d'impuretés ionisées. Après excitation par la lumière, les porteurs de charges créés sont facilement captés par ces impuretés ionisées formant ainsi des paires donneurs-accepteurs neutres (DAP). La recombinaison donneur-accepteur émet un photon d'énergie :

$$\hbar\omega = E_g - E_D - E_A + \frac{e^2}{\epsilon r} \qquad (2.13)$$

E_g est l'énergie du gap, E_D et E_A sont respectivement les énergies de liaisons du donneur et de l'accepteur, et ϵ est la constante diélectrique du semiconducteur. Le terme $e^2/\epsilon r$ tient compte de l'interaction coulombienne entre le donneur et l'accepteur ionisés obtenus dans l'état final.

Pour les impuretés de substitution, r prend des valeurs discrètes. Nous devrons donc observer à basse température des raies très fines correspondant à chaque valeur possible de r.

2.3.2 Mécanismes de luminescence dans les couches de SiN$_x$: H riche en silicium

De nombreuses études ont été menées ces dernières années pour étudier les propriétés optiques des couches de nitrure de silicium tant au niveau des applications que de la compréhension des mécanismes d'émission de la lumière dans le visible [68, 69, 70, 71]. Dans les couches de nitrure de silicium riche en silicium, la bande de photoluminescence se décale jusqu'à 3 eV lorsque la concentration de silicium varie au sein de la couche [72]. L'origine de cette bande a été très discutée dans la littérature. Certains auteurs ont émis l'hypothèse d'un effet de confinement quantique des porteurs de charge dans des grains de silicium éventuellement présents dans la couche. Dans ce cas, la taille des grains est souvent corrélée à la fraction du silicium en excès dans la couche. Pour des couches de SiN$_x$ très riches en silicium, les grains ont une taille importante et émettent donc à basse énergie. Lorsque l'excès en atomes de silicium diminue, la taille des grains de silicium décroît ce qui explique le décalage de la bande d'émission vers le bleu.

Park et al. [73] ont étudié les propriétés de luminescence des couches de nitrure de silicium contenant des nanoparticules de silicium amorphes préparées par PECVD en utilisant le SiH$_4$ et le N$_2$ comme gaz précurseurs. En faisant varier le flux d'N$_2$ entre 100 et 800 sccm, ils ont constaté un décalage de la bande de photoluminescence (PL) du rouge vers le bleu. Ce déplacement de l'énergie de PL a été corrélé à la variation de la taille des nanoparticules de silicium mise en évidence par microscopie électronique à transmission. Un peu plus tard, des mesures de PL effectuées sur des couches SiN$_x$ déposées par PECVD en utilisant un mélange des gaz SiH$_4$, N$_2$ et H$_2$ et en faisant varier le rapport N$_2$/SiH$_4$ ont été menées par Wang et al. [74]. En corrélant les propriétés structurales, obtenues par des mesures Raman et des analyses TEM, avec les propriétés de luminescence, l'étude a permis de mettre en évidence la dépendance de l'énergie et de l'intensité du pic de PL de la taille et de la densité des nanoparticules de silicium amorphes présentes dans la couche. Le décalage vers les faibles longueurs d'onde du pic de PL a été donc expliqué par la réduction de la taille des particules.

D'autres groupes ont attribué cette photoluminescence à la recombinaison des porteurs entre les queues de bande. Dans ce cas, le décalage de la bande de PL est expliqué par l'élargissement du gap de SiN$_x$ due à l'incorporation d'azote dans la couche. Dans leur étude réalisée sur des couches amorphes de nitrure de silicium (a-SiN$_x$:H) de différentes stoechiométries, Giorgis et al. [68] ont observé une bande de PL intense à 77 K dont l'énergie varie de 1 à 2.3 eV quand le pourcentage d'ammoniac dans le plasma varie de 13 % à 90 %. En combinant des mesures de PL en fonction de la température, de PL résolue en temps et d'absorption optique, ils ont attribué la luminescence dans leurs structures à la recombinaison bande à bande. D'après ces auteurs, l'enrichissement en azote de la couche SiN provoque un élargissement des états de queue de bande responsable des variations de PL. Ce mécanisme de recombinaison des porteurs dans les queues de bande explique également l'augmentation de la largeur à mi-hauteur des bandes d'émission. En effet, l'énergie d'Urbach augmente avec la quantité d'azote incorporée dans la couche, ce qui indique des queues de bande plus larges. Les énergies auxquelles peuvent s'effectuer les recombinaisons sont donc plus nombreuses et par conséquent, la largeur des bandes d'émission est plus importante. Des résultats similaires ont été obtenus par Kato et al. [75] sur des couches de nitrure de silicium et d'oxynitrure de silicium amorphes préparées par PECVD (Fig.2.6). Les auteurs ont mis en évidence un décalage de la bande de PL vers les hautes énergies ainsi qu'une augmentation de la largeur à mi-hauteur de cette bande pour les deux systèmes. Ces observations sont expliquées par l'augmentation de la bande interdite et l'élargissement des états localisés de queue de bande associés aux liaisons Si-N. Par conséquence, la luminescence a été attribuée à la recombinaison radiative entre ces états localisés.

Cependant, d'autres études [76, 77] ont montré l'existence des défauts liés aux liaisons pendantes de silicium et d'azote situés dans le gap de nitrure de silicium en bord de la bande de valence et de conduction. En particulier, grâce à des mesures de résonance paramagnétique électronique, les bandes d'émission situées à 2.5 et 3 eV observées par Deshpande et al. ont été attribuées à la recombinaison entre la bande de valence (de conduction) et le défaut K^0 associé aux liaisons pendantes de silicium et entre la bande de valence (de conduction) et un défaut lié aux liaisons pendantes de l'azote. Dans une

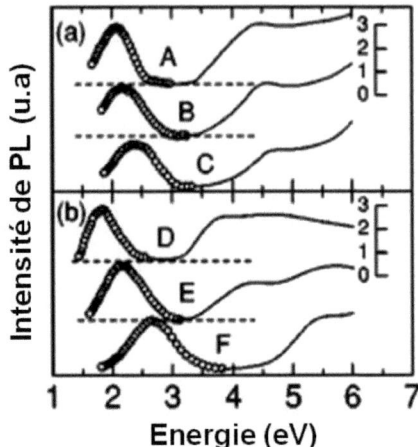

FIG. 2.6 – Spectres de photoluminescence (cercles ouverts) et d'excitation de la photoluminescence (lignes continues) des couches de (a) oxynitrure de silicium et (b) nitrure de silicium obtenus à 10 K pour différents rapport des flux des gaz précurseurs [75]

étude plus récente, Wang et al. [78] ont utilisé deux longueurs d'onde d'excitation de PL pour étudier l'origine de la bande d'émission dans des couches SiN_x riches en silicium. Pour une longueur d'onde d'excitation de 325 nm (3.82 eV), les auteurs ont montré que les bandes de luminescence qui apparaissent vers 410 et 520 nm sont dues respectivement au défaut radiatif K^0, situé au milieu du gap de SiN, et à un défaut lié aux liaisons pendantes de l'azote qui sont préférentiellement excités dans ce cas. Lorsque l'échantillon est excité avec une longueur d'onde de 514.5 nm (2.41 eV), l'énergie d'excitation n'atteint pas les niveaux associés aux défauts et la luminescence est donc attribuée aux nanoclusters de silicium amorphes mis en évidence par microscopie électronique à transmission et par spectroscopie Raman.

Dans les prochaines parties, nous développerons l'étude des conditions de formation par PECVD des nanoparticules de silicium au sein d'une couche de nitrure de silicium enrichie en silicium. Ainsi, l'évolution de l'énergie et de l'intensité de photoluminescence sera analysée en fonction de différents paramètres de dépôt. L'objectif est de déterminer les conditions de croissance optimales permettant d'avoir une forte densité de nanoparticules et d'obtenir une ingénierie de bande interdite pouvant convertir les photons bleus du spectre solaire en photoporteurs utiles à la cellule photovoltaïque. Cette étude devrait également permettre d'identifier plus clairement le(s) mécanisme(s) responsable(s) de la luminescence dans nos structures.

2.3.3 Effet de la stoechiométrie de la couche SiN$_x$

Comme nous l'avons mentionné précédemment, les couches de SiN$_x$ ont été réalisées à l'aide d'un réacteur PECVD en utilisant le silane pur (SiH$_4$) et l'ammoniac (NH$_3$) comme gaz précurseurs. Une étude réalisée récemment au laboratoire sur des couches de SiN$_x$ préparées avec le même réacteur a montré que le maximum d'intensité du pic de PL, associée à la plus forte densité des Np-Si, est obtenu pour un rapport R proche de 10 [32] (R étant le rapport des débits des gaz précurseurs : NH$_3$/SiH$_4$). Afin de déterminer avec plus de précision la valeur optimale de R, nous avons procédé à une étude détaillée des couches SiN$_x$ enrichies en silicium préparées avec des rapports R de 8, 9, 10 et 11. Les autres paramètres de dépôt ont été maintenus constants. Ainsi, la puissance du plasma (P), la pression (Pr), la température de substrat (T) et le débit total des gaz précurseurs (D_t) correspondent respectivement à 1000 W, 1500 mTorr, 370 °C et 800 sccm. Les mesures d'ellipsométrie spectroscopique effectuées sur ces échantillons nous ont permis d'avoir des informations sur la strucure du matériau composite et en particulier celle de la matrice hôte. Les résultats ont été obtenus en utilisant un ellipsomètre à modulation de phase UVISEL (Jobin Yvon) permettant des mesures sur un spectre allant de 1.5 à 5 eV. Dans ce cas, il a fallu utiliser un modèle de dispersion pour déterminer les propriétés de la couche à partir des mesures des angles ellipsométriques Ψ et Δ.
Tout d'abord, nous avons déterminé l'indice de réfraction $n(\lambda)$ et le coeffecient d'extinction $k(\lambda)$ en utilisant le modèle Tauc-Lorentz qui décrit les fonctions optiques des matériaux amorphes [79]. De plus, grâce à l'équation [80]

$$\alpha = \frac{4\pi k}{\lambda} \qquad (2.14)$$

nous avons calculé le coefficient d'absorption $\alpha(\lambda)$ du matériau composite constitué de Np-Si entourés par une couche de SiN$_x$, ce qui nous a permis, par la suite, de déterminer le gap optique en traçant les courbes de Tauc à partir de la relation

$$(\alpha E)^{1/2} = B(E - E_g) \qquad (2.15)$$

où E représente l'énergie des photons et B est une constante.
En effet, l'intersection des droites avec l'axe des abscisses correspond aux valeurs du gap optique E_g. La pente permet, quant à elle, de remonter à la valeur de B appelée "coefficient de Tauc".
L'indice de réfraction (pour $\lambda = 605$ nm), le gap optique ainsi que l'épaisseur des couches en fonction du rapport R des flux des gaz sont reportés dans le tableau 2.1. Notons tout d'abord que les valeurs de l'indice de réfraction n sont faibles malgré l'excès en silicium. Ceci peut être expliqué par la quantité importante d'hydrogène présent dans la couche qui présente en plus un caractère poreux. L'augmentation du rapport R, i.e. l'introduction d'azote dans le film de nitrure de silicium, conduit à un élargissement du gap en faisant disparaître des liaisons Si-Si au détriment de liaisons Si-N situées plus profondément dans la bande de valence. Ces résultats sont confirmés par les études théoriques réalisées par Robertson [81] et qui prévoient un déplacement symétrique des bandes de valence et de conduction avec l'augmentation de la concentration d'azote dans des alliages de nitrure de silicium.

Rapport R	n (605 nm)	E_g (eV)	Epaisseur SiN_x (nm)
8	2.02	3.53	78
9	1.98	3.67	75
10	1.96	3.81	77
11	1.95	3.92	76

TAB. 2.1 – Evolution du gap optique et de l'indice de réfraction de la couche SiN_x en fonction du rapport R des flux des gaz précurseurs. L'épaisseur correspondant à chaque rapport R est également reportée pour information

La spectroscopie d'absorption infrarouge permet de distinger les différentes configurations des liaisons chimiques existant entre atomes présents dans le film. La fréquence, la forme et l'intensité des bandes d'absorption observées sur le spectre d'absorption sont caractéristiques de la structure moléculaire de l'échantillon. D'un point de vue quantitatif, la spectroscopie d'absorption infrarouge permet de déterminer le nombre de liaisons vibrantes présentes dans le matériau. En s'appuyant sur le modèle de Lorentz qui considère le solide comme une assemblée d'oscillateurs, des calculs permettent de corréler l'aire d'une bande d'absorption caractéristique d'une liaison et la concentration absolue de cette liaison par la relation :

$$[C] = K \int \frac{\alpha(\omega)}{\omega} d\omega \qquad (2.16)$$

où [C] représente la concentration absolue de la liaison, $\alpha(\omega)$ est le coefficient d'absorption à la fréquence ω et K est appelé facteur de calibration et correspond à l'inverse de la force d'oscillateur d'une liaison.
Les facteurs de calibration des différentes liaisons sont obtenus par étalonnage en utilisant d'autres techniques permettant de remonter à la concentration comme l'ERDA[1] ou la spectroscopie RBS[2].
Les mesures des spectres d'asorption infrarouge ont été réalisées sur un spectromètre d'absorption infrarouge à transformée de Fourier (FTIR) de type Bruker 80. Ces mesures ont été menées sur des couches de SiN_x déposées sur un substrat de silicium polis en utilisant le mode par transmission. L'acquisition des spectres s'effectue dans une gamme de nombres d'onde allant de 400 à 4000 cm^{-1} avec une résolution de 4 cm^{-1}. Les spectres correspondant aux couches minces de SiN_x sont obtenus après soustraction du spectre de référence du substrat et sont représentés sur la figure 2.7. Les principales bandes d'absorption sont situées à 450, 833, 1148, 2184 et 3330 et correspondent respectivement aux liaisons Si-N (mode respiration), Si-N (élongation), N-H (déformation hors du plan) Si-H (élongation) et N-H (élongation).
La grande largeur de la bande principale reflète le caractère amorphe de la structure du film et s'explique par les grandes fluctuations dans les angles et les longeurs de liaisons.

---
[1] Elastic Recoil Detection Analysis
[2] Rutherford Backscattering Spectroscopy

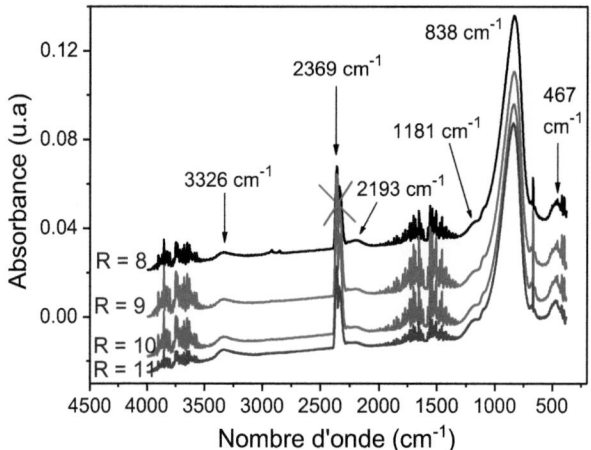

FIG. 2.7 – Spectres d'absorption infrarouge de la couche SiN$_x$ pour différents rapports R des flux des gaz précurseurs

La présence des bandes Si-H et N-H indique que les films contiennent une forte proportion d'hydrogène, contrairement aux films de nitrure de silicum élaborés par d'autres techniques [82].

L'effet de l'évolution de la matrice hôte sur les propriétés d'émission des nanoparticules de silicium a été étudié par spectroscopie de photoluminescence (PL). Notons que les résultats de PL obtenus dans ce travail sont réalisés en utilisant deux bancs de PL permettant d'analyser la lumière émise par l'échantillon dans différentes gammes spectrales. Le premier banc est dédié aux mesures de PL dans les domaines visible et infrarouge. Le second permet de faire des mesures dans l'UV. Nous ne présenterons que le premier dispositif et nous renvoyons le lecteur à la référence [83] pour plus de détails sur le montage utilisé pour l'étude de la PL dans l'UV.

Le premier banc dit "de PL classique" est constitué d'un laser à argon ionisé (Ar$^+$) émettant à différentes longueurs d'onde. Le faisceau laser passe par un hacheur dont la fréquence (110 Hz) sert de référence pour la détection synchrone, puis il est focalisé sur l'échantillon à l'aide d'un miroir. Le signal émis par l'échantillon est ensuite focalisé, par une optique de type cassegrain, sur la fente d'entrée d'un monochromateur Jobin Yvon (HRS-2) équipé d'un réseau 1200 tt/mm blazé à 630 nm. Le système de détection est une caméra CCD[3] de 1024 par 256 canaux, refroidie à 140 K avec de l'azote liquide. Le dispositif de mesure a été étalonné à l'aide d'une source à filament de tungstène. Les spectres ont donc été corrigés de la réponse du dispositif de mesure.

La figure 2.8 montre les spectres de luminescence à température ambiante pour deux séries d'échantillons préparées dans les mêmes conditions sur deux substrats différents.

---

[3] Charge Coupled Device

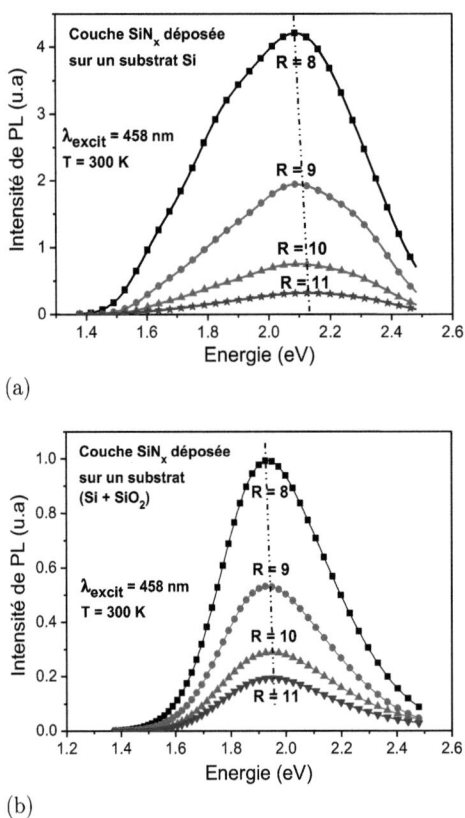

FIG. 2.8 – Spectres de photoluminescence des couches composites SiN$_x$ contenant des nanoparticules de silicium et déposées sur (a) un substrat de silicium et (b) un substrat de silicium oxydé thermiquement. La couche d'oxyde a une épaisseur de 0.5 μm

Sur la figure 2.8(a) nous montrons les spectres qui correspondent aux couches déposées sur un substrat de silicium. Nous pouvons observer que l'augmentation du rapport R provoque une diminution de l'intensité de PL accompagnée d'un léger décalage vers les grandes énergies du pic global de PL. Comme nous l'avons discuté dans la section 2.3.2, la luminescence des couches de nitrure de silicium déposées par PECVD peut être attribuée à la recombinaison des porteurs entre les queues de bande. Dans ce cas, le décalage du pic de PL est expliqué par l'élargissement du gap due à la quantité d'azote incorporée dans le film de nitrure. Pour nos échantillons, cette voie semble difficilement envisageable pour expliquer la luminescence observée. En effet, l'intensité de PL devrait augmenter avec l'incorporation d'azote au sein de la couche à cause de l'augmentation du nombre des défauts liés à l'azote, ce qui n'est pas le cas pour nos couches. De plus, la présence de nanoparticules de silicium, mise en évidence par les mesures TEM (Fig.2.9), ainsi que l'évolution de leur taille en fonction du rapport R nous laissent penser que les mécanismes de luminescence sont dominés par un effet de confinement quantique dans les grains de silicium présents dans la couche. Les résultats des analyses statistiques obtenus par microscopie électronique confirme cette idée. En effet, la taille moyenne des Np-Si passe de 3.8 nm pour le plus petit rapport (R = 8) à 2.5 nm pour un rapport des gaz précurseurs de 11 (Tableau 2.2). D'un autre coté, la diminution de la densité des nanoparticules pour les grandes valeurs du rapport R sont en bon accord avec la diminution de l'intensité de luminescence. Ces résultats montrent donc un bon accord entre les propriétés structurales et d'émission de ces nanostructures indiquant ainsi la présence d'un effet de taille dans nos échantillons. L'importante largeur à mi-hauteur ($\approx$ 0.6 eV) des spectres de PL revèle la contribution d'une grande variété de tailles de nanoparticules de silicium.

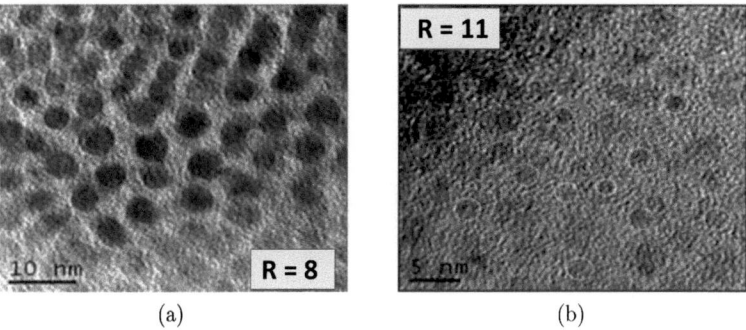

(a)   (b)

FIG. 2.9 – Images TEM en vue plane des nanoparticules de silicium pour deux rapports R des flux des gaz précurseurs de la couche SiN$_x$. (a) R = 8 et (b) R = 11. Les observations TEM sont réalisées au laboratoire IM2NP

La figure 2.8(b) montre les spectres de PL des couches SiN$_x$ déposées sur un substrat de silicium oxydé thermiquement. L'épaisseur de la couche d'oxyde SiO$_2$ est de 0.5 μm. Ces couches présentent des spectres plus fins décalés vers les faibles énergies par rapport à ceux des couches déposées sur un substrat de silicium. La taille moyenne ainsi que la distribution de tailles des nanoparticules de silicium formées au sein de la couche SiN$_x$ dépendent donc fortement du substrat utilisé. En effet, les deux types de surface considérés induisent des contraintes différentes sur la couche SiN$_x$. Luckovsky et al. [84] ont montré que les interfaces Si/SiN présentent des contraintes élevées alors que l'introduction de quelques monocouches de SiO$_2$ à l'interface réduit de façon importante ces contraintes. Cela peut conduire à des différences de cinétique de formation des Np-Si. Par conséquent, la structure et la morphologie des nanoparticules dépendent du type d'interaction à l'interface entre le matériau déposé et le substrat utilisé [85].

Rapport	taille moyenne (nm)	densité (cm^{-2})
8	3.8	3.6 10^{12}
11	2.5	1.9 10^{12}

TAB. 2.2 – Valeurs de la taille moyenne et de la densité des nanoparticules de silicium obtenues par microscopie électronique à transmission pour deux rapports R des flux des gaz précurseurs

Afin de vérifier l'effet du confinement quantique dans nos structures pour une gamme plus large du rapport R, des couches SiN$_x$ riches en silicium préparées avec des rapports R allant de 2 à 10 ont été étudiées.
La spectroscopie d'absorption infrarouge permet d'étudier l'évolution de différentes bandes d'absorption en fonction de la stoechiométrie de la couche SiN$_x$. La figure 2.10 montre les spectres d'absorption infrarouge en fonction du rapport R des flux des gaz précurseurs. En augmentant le rapport R, l'intensité de la bande correspondant aux liaisons Si-H diminue progressivement tout en se décalant vers les hautes fréquences, ce qui indique qu'un nombre croissant d'atomes d'azote vient se placer en liaison arrière de l'atome de silicium. De plus, la bande associée à la liaison Si-N et située à 850 cm^{-1} est légèrement décalée vers les grandes fréquences par rapport à sa position mais le cas des couches de nitrure non hydrogénées. Ceci est dû au remplacement d'atomes de silicium en liaison arrière par des atomes d'hydrogène qui sont plus électronégatifs. La fréquence d'absorption d'une entité NSi$_2$-SiN sera moins élevée que celle de l'entité HSiN-SiN, ce qui explique l'apparition d'un épaulement dans le spectre vers 1020 cm^{-1}. Cet épaulement correspond à la présence de l'espèce HN$_2$-SiN. Quant à la bande située à 3300 cm^{-1}, elle voit son intensité augmenter avec R indiquant un enrichissement de la matrice en azote. Ces spectres montrent donc que l'hydrogène est bien présent dans nos couches sous formes de liaisons Si-H et N-H. Il est possible de quantifier les densités de ces liaisons et d'obtenir la concentration d'hydrogène au sein de la couche SiN$_x$ en utilisant la méthode développée par Landford et Rand [86]. En effet, en déterminant l'aire de chaque bande d'absorption, la concentration d'une liaison X-Y peut être obtenue en utilisant la relation :

$$N_{X-Y} = K_{X-Y} \int \alpha(\nu) d\nu \qquad (2.17)$$

où ν, $\alpha(\nu)$ et K_{X-Y} sont respectivement le nombre d'onde, le coefficient d'absorption et un facteur de calibration dépendant de la liaison et de la bande de vibration utilisée. En réalité, pour les films de nitrure de silicium, il est difficile de déduire avec exactitude la densité des liaisons à partir de la fréquence ou de l'aire des bandes d'absorption. En effet, du fait de la plus grande variété de vibrations possibles, des films ayant la même teneur en azote, préparées par des techniques ou dans des conditions expérimentales diverses, présentent des bandes d'absorption différentes et il n'existe pas de relations générales reliant stoechiométrie et fréquence. Cépendant, même si les valeurs du facteur de calibration sont cependant controversées et dépendantes de la composition de la couche de nitrure de silicium, la variation de la densité de liaisons en fonction de la stoechiométrie apportera tout de même des informations qualitatives sur la richesse des films en hydrogène.

Pour nos calculs, le facteur de calibration utilisé est égale à $5.9\ 10^{16}$ cm^{-1} pour la bande de la liaison Si-H et $8.2\ 10^{16}$ cm^{-1} pour les bandes de la liaison N-H. Les variations de la densité de liaisons Si-H et N-H avec le rapport R sont représentées sur la figure 2.11(a).

Avec l'augmentation de R, le nombre de liaisons Si-H diminue de façon continue alors

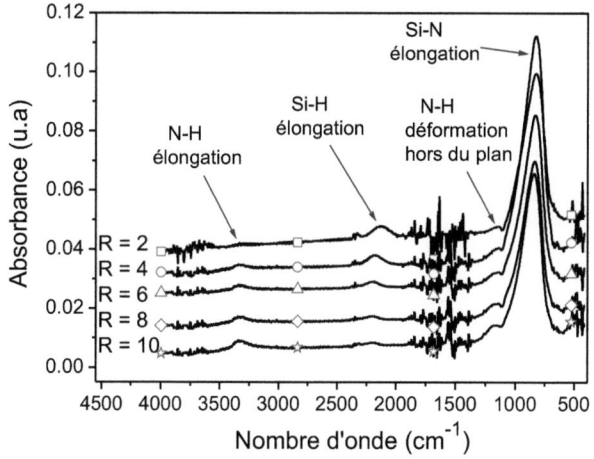

FIG. 2.10 – Spectres d'absorption infrarouge des films de nitrure de silicium obtenus pour différents rapports des flux des gaz précurseurs

que le nombre de liaisons N-H augmente, ce qui confirme l'enrichissement en azote de la couche SiN$_x$. D'autre part, le calcul de la densité de liaisons Si-H et N-H permet de remonter à la concentration d'hydrogène présent dans la couche. Nous faisons l'hypothèse que la présence d'hydrogène moléculaire est négligée et nous considérons donc que l'atome d'hydrogène se trouve toujours en liaison terminale monovalente, associé à un atome d'azote ou de silicium en premier voisin. Dans ce cas, la concentration d'hydrogène est donnée par la relation :

$$[H] = [Si - H] + [N - H] \tag{2.18}$$

Le nombre d'atomes d'hydrogène liés à des atomes d'azote ou de silicium est une fonction croissante de R (Fig.2.11(b)). En effet, l'augmentation du rapport R, et donc du flux d'ammoniac dans l'enceinte du réacteur PECVD lors du dépôt, entraine une augmentation du taux d'hydrogène dans la couche SiN$_x$ déposée. Ceci peut avoir un effet bénéfique pour la passivation des liaisons pendantes présentes dans la matrice.

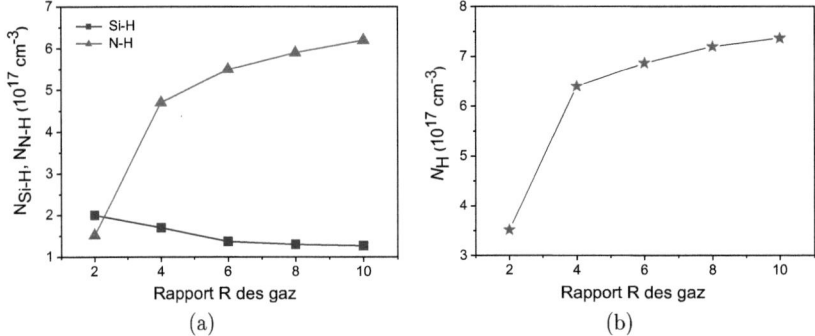

FIG. 2.11 – a) Densité de liaisons Si-H et N-H pour différents rapports R des flux des gaz précurseurs. b) Variation de la concentration d'hydrogène en fonction de la stoechiométrie de la couche SiN

Dans le but d'étudier l'effet de la variation de la structure chimique de la couche sur les propriétés optiques, nous avons réalisé des mesures de photoluminescence à température ambiante sur les différents échantillons. Les spectres d'émission obtenus sont reportés sur la figure 2.12. Nous constatons notamment un décalage du maximum de luminescence vers les grandes énergies lorsque R augmente. L'intensité d'émission présente un optimum pour une valeur de R égale à 4. Cela est particulièrement intéressant pour l'application en cellule photovoltaïque tandem puisque l'énergie d'émission, et donc le gap associé, est dans ce cas autour de 1.7 - 1.8 eV.

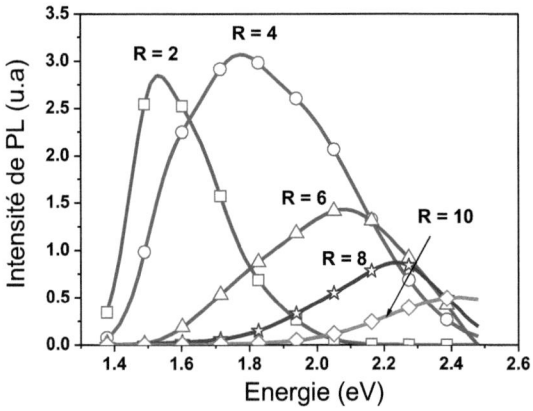

FIG. 2.12 – Spectres de photoluminescence à température ambiante des couches SiN_x de différentes stoechiométries déposées sur un substrat de silicium

Il est intéressant de constater que l'énergie du pic de PL associé à l'échantillon préparé avec un rapport 10 est de 2.41 eV. Cette valeur ne correspond pas à ce que nous avons obtenu pour l'échantillon "R = 10" de la première série (section 2.3.3). En effet, un changement de débitmètre de gaz défectueux a nécessité un ré-étalonnage complet du réacteur de dépôt. Notamment, les valeurs des rapports des flux des gaz précurseurs NH_3/SiH_4 ont évolué par rapport à celles obtenues lors du premier dépôt.

La formation des Np-Si a été mise en évidence par des observations en microscopie élec-

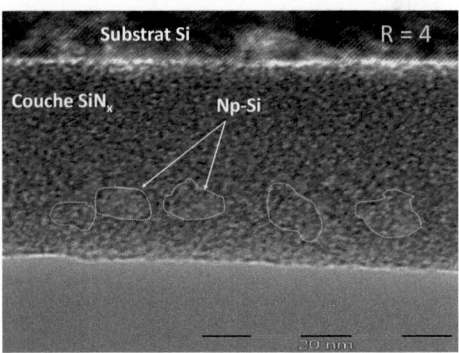

FIG. 2.13 – Image TEM de la couche SiN_x obtenue pour un rapport R égale à 4. Les parties encerclées révèlent la présence des nanoparticules de silicium

tronique à transmission de l'échantillon préparé avec un rapport R égale à 4 et présentant la plus forte intensité de luminescence. La figure 2.13 montre des zones riches en silicium au sein de la matrice SiN_x révélant ainsi la présence de Np-Si amorphes d'environ 4 - 5 nm de diamètre. Ce résultat est confirmé par les mesures Raman qui montrent une bande large située à 481 cm^{-1} et attribuée à des nanoparticules de silicium amorphes [87] (Fig.2.14). La taille des nanoparticules estimée à partir des analyses TEM correspond à une énergie d'émission de 1.72 eV [19]. Cette valeur est très proche de celle de l'énergie du maximum du pic de PL à 1.76 eV. Ainsi, la correspondance entre la théorie et les mesures expérimentales ainsi que le décalage du spectre de photoluminescence vers le bleu en fonction de la stoechiométrie de la couche SiN_x semblent être en accord qualitatif avec la théorie du confinement quantique.

2.3.4 Effet de la pression totale des gaz

Comme nous l'avons montré dans la section précédente, les couches de nitrure de silicium fabriquées avec un rapport R égale à 4 présentent l'intensité de luminescence la plus forte, liée à la densité de nanoparticules la plus importante. Par la suite, ce rapport a été fixé pour étudier l'influence de la pression totale sur la formation et les propriétés des Np-Si. Cinq échantillons ont été préparés en faisant varier la pression totale des gaz précurseurs de 1000 à 4000 mTorr. La température, la puissance RF et le débit total sont maintenus constants et égaux respectivement à 370 °C, 1000 W et 800 sccm. Le dépôt a

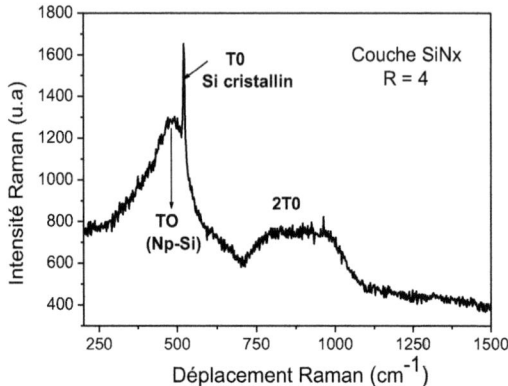

FIG. 2.14 – Spectre Raman de la couche SiN$_x$ obtenue pour un rapport R égale à 4. La couche SiN$_x$ est déposée sur un substrat de silicium

été réalisé en modulant la puissance RF. Le plasma est déclenché pendant une période de temps t_{on} de 8.5 ms et s'éteint pendant une période de temps t_{off} de 39.9 ms. L'utilisation d'un plasma pulsé est particulièrement intéressante puisqu'il permet de contrôler la taille des nanoparticules en fonction du temps de décharge (t_{on}) de plasma.

Echantillon	276A4	239A4	273A4	274A4	275A4
Pression (mTorr)	1000	1500	2000	3000	4000

TAB. 2.3 – Pression totale utilisée pour la préparation de différentes couches de nitrure de silicium

L'évolution de la taille et de la densité des nanoparticules de silicium a d'abord été déterminée par analyse TEM. Les résultats des obserbations en microscopie électronique en transmission à haute résolution (HRTEM) réalisées à l'Institut Matériaux Microélectronique Nanosciences de Provence (IM2NP) sont reportés sur la figure 2.15 qui montre les images obtenues en vue plane pour les échantillons préparés avec des pressions de 1000 et 4000 mTorr. Ces images révèlent une densité relativement importante de nanoparticules de silicium, de l'ordre de 4.10^{11} cm^{-2} pour une pression totale de 1000 mTorr. Lorsque la pression des gaz augmente (4000 mTorr), la densité des Np-Si devient plus importante (8.10^{11} cm^{-2}), soit environ deux fois supérieure à celle obtenue à faible pression. L'analyse statistique montre l'existence de deux populations de Np-Si pour la couche déposée à 1000 mTorr. Sur l'histogramme de la figure 2.15(c), nous pouvons clairement distinguer deux distributions en taille moyenne de 2.6 et 4.6 nm. Pour une pression totale de 4000 mTorr, la couche SiN$_x$ contient une seule population de nanoparticules de silicium de taille moyenne de 4.93 nm.

Afin d'étudier l'effet de cette évolution de la taille et de la densité de Np-Si sur leurs propriétés optiques, nous avons réalisé des mesures de photoluminescence à température

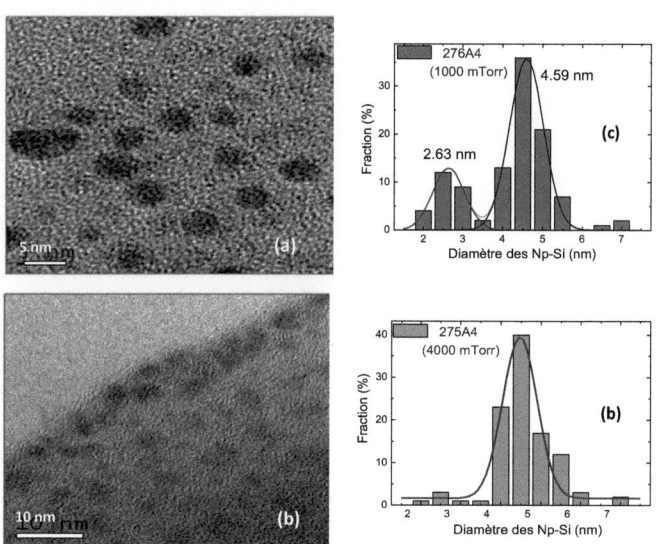

FIG. 2.15 – Images TEM en vue plane des Np-Si dans des couches SiN$_x$ déposées avec une pression de (a) 1000 mTorr et (b) 4000 mTorr. (c) et (d) Les histogrammes donnant la taille moyenne et la distribution en tailles des nanoparticules pour les deux échantillons. Les observations TEM sont réalisées au laboratoire IM2NP

ambiante sur les échantillons synthétisés à différentes pressions. La figure 2.16 (a) montre les spectres de PL des Np-Si obtenus en utilisant une longueur d'onde d'excitation de 458 nm d'un laser Ar$^+$ et une puissance d'excitation de 200 mW. Nous observons clairement un déplacement du pic de PL vers le rouge lorsque la pression totale augmente. D'après les calculs théoriques de la bande interdite des Np-Si basés sur la théorie des masses effectives et en utilisant la relation empirique proposée par Park et al. [19]

$$E(eV) = 1.56 + 2.40/d^2 \qquad (2.19)$$

où d est le diamètre (en nm) des Np-Si, les pics de PL correspondent à des agrégats de silicium de taille comprise entre 2.61 nm (pour une pression de 1000 mTorr) et 4.9 nm (pour 4000 mTorr). Ces valeurs sont en accord avec celles mesurées par TEM (Fig.2.15). Ces observations sont consistantes avec le modèle de confinement quantique dans des nanoparticules de silicium insérées dans une matrice SiN$_x$.

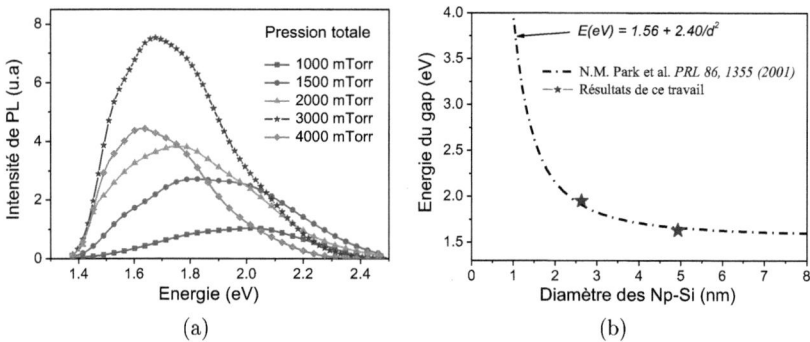

FIG. 2.16 – (a) Spectres de photoluminescence à température ambiante des couches de nitrure de silicium pour différentes pressions de dépôt. (b) Evolution de l'énergie du gap en fonction de la taille des nanoparticules : comparaison entre nos résultats expérimentaux et les valeurs théoriques obtenues en utilisant la relation empirique proposée par Park et al. [19]

La figure 2.17 montre l'évolution de l'intensité intégrée de photoluminescence en fonction de la pression de dépôt. L'intensité de PL augmente lorsque la pression passe de 1000 à 3000 mTorr, puis diminue pour des valeurs de pression supérieures à 3000 mTorr. Cette évolution de l'intensité de PL peut être associée à la variation de la densité des nanoparticules de silicium. En effet, l'augmentation de la pression favorise la formation et l'accumulation des clusters de silicium ainsi qu'une augmentation de leur taille. Ceci se traduit par une augmentation de l'intensité de luminescence avec un décalage du pic de PL vers les faibles énergies (Fig.2.16(a)). Lorsque la pression totale dépasse 3000 mTorr, le plasma entre dans le régime de formation de poudres [88], ce qui entraine une diminution de la densité des nanoparticules, et donc une baisse de la luminescence.

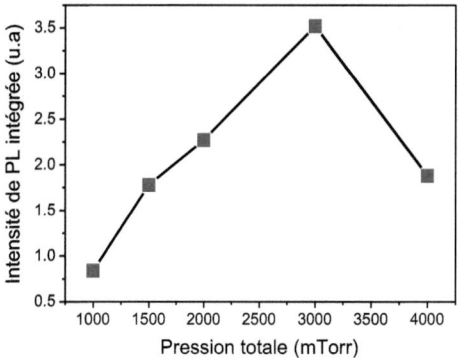

FIG. 2.17 – Evolution de l'intensité intégrée de PL en fonction de la pression totale des gaz.

2.3.5 Effet de la puissance RF

La variation de la taille des nanoparticules en fonction de la pression totale ainsi que le bon accord entre les résultats des analyses TEM et ceux obtenus par des mesures de PL nous ont permis de mettre en évidence que les mécanismes de luminescence dans nos structures sont dominés par l'effet de confinement quantique dans les nanoparticules de silicium. Dans cette partie, nous allons étudier l'effet de la puissance du plasma sur la formation et l'évolution de la taille et la densité des Np-Si. Les échantillons étudiés ont été élaborés en faisant varier la puissance RF de 1000 à 4000 W et en utilisant un plasma pulsé avec un temps t_{on} d'allumage du plasma de 8.5 ms et un temps t_{off} d'extinction du plasma de 39.9 ms. La température de substrat, la pression totale, le débit total des gaz et le rapport R sont maintenus constants et égaux respectivement à 370 °C, 1500 mTorr, 800 sccm et 4.

La figure 2.18 montre les spectres de PL de différents échantillons obtenus à température ambiante. Ces spectres présentent un comportement différent de celui des spectres d'émission obtenus pour différentes pressions qui montrent un décalage du pic de PL. En effet, la position ainsi que la largeur à mi-hauteur du pic global de PL semblent être les mêmes quelque soit la puissance utilisée. La largeur à mi-hauteur importante est très probablement due à une large dispertion en tailles des nanoparticules de silicium présentes dans la couche et mises en évidence dans les expériences précédentes (section 2.3.4). L'analyse de ces spectres montre aussi que la large bande de PL est composée de trois pics situés autour de 1.57, 1.79 et 2.01 eV et notés respectivement α, β et γ (Fig.2.18). Ces pics correspondent, à priori, à trois distributions de tailles différentes de Np-Si formées au sein de la matrice SiN_x. Pour les faibles puissances de dépôt (1000 et 1500 W), la contribution du pic β dans le spectre d'émission est la plus importante et le maximum du pic global est situé donc à environ 1.79 eV. A partir d'une puissance de 2000 W, la luminescence est dominée par la contribution du pic γ. Ce comportement de l'émission peut être expliqué par le fait que l'augmentation de la puissance de dépôt favorise la

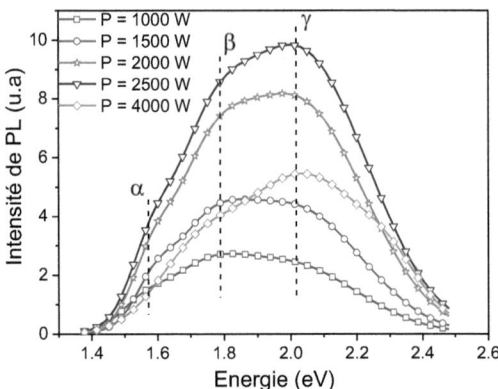

FIG. 2.18 – Effet de la puissance sur les propriétés de luminescence des couches composites SiN$_x$ contenant des nanoparticules de silicium

formation de petits grains de silicium. Cette hypothèse nécessite d'être confirmée par des analyses en microscopie électronique à transmission. D'autre part, nous observons, à partir de la figure 2.18, que l'évolution de l'intensité de PL avec la puissance RF n'est pas monotone. L'intensité atteint un maximum pour une puissance RF de 2500 W puis diminue pour des valeurs supérieures. En effet, lorsque la puissance augmente, le processus de dissociation des gaz précurseurs devient plus efficace. Par conséquence, le régime de poudres peut être obtenu plus rapidement et à plus basse pression, ce qui conduit à une diminution de la densité de nanoparticules formées et donc une baisse de l'intensité de PL.

2.3.6 Effet de la température de dépôt

Nous avons également étudié l'influence de la température de dépôt sur les propriétés optiques et électroniques (bande interdite) des Np-Si. Cinq échantillons ont été préparés en faisant varier la température de dépôt et en gardant la pression totale des gaz, la puissance RF et le débit total constants et égaux, respectivement, à 1500 mTorr, 1000 W et 800 sccm. Les temps t_{on} et t_{off} sont maintenus constants et égaux, respectivement, à 8.5 et 39.9 ms. La formation de nanoparticules de silicium a lieu en quatre étapes [55] : une phase d'incubation, une phase de nucléation, la croissance et un état stationnaire. Pendant cette dernière étape, dont le début correspond à une épaisseur d'environ 40 nm, la taille et la densité des nanoparticules de silicium devient stable. Par conséquent, le temps de dépôt a donc été ajusté de manière à avoir une épaisseur de la couche SiN$_x$ d'environ 40 nm. Rappelons que, pour l'étude des autres paramètres de dépôt (le rapport R, la pression totale, la puissance RF et le temps t_{on}), cette valeur de l'épaisseur a été toujours maintenue constante afin de comparer d'une manière rigoureuse les propriétés optiques de différentes couches composites.

Des mesures d'absorption dans le domaine de l'infrarouge ont été réalisées afin d'avoir une idée sur l'évolution de la structure chimique de la couche de nitrure de silicium en fonction de la température de dépôt. Les spectres sont représentés sur la figure 2.19 après avoir soustrait la contribution du substrat. Les bandes d'absorption, caractéristiques des couches de nitrure de silicium hydrogénées, situées à 480, 821, 1174, 2158 et 3335 cm^{-1} sont respectivement attribuées aux modes de vibration de Si-N (respiration), Si-N (élongation), N-H (déformation hors du plan), Si-H (élongation) et N-H (élongation).

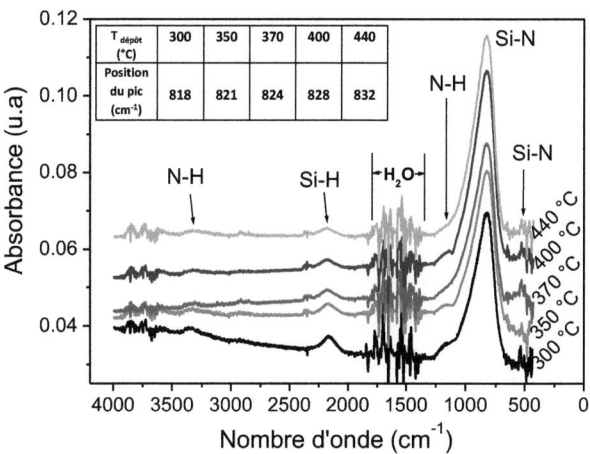

FIG. 2.19 – Spectres d'absorption infrarouge caractéristiques des couches de nitrure de silicium hydrogénées montrant l'évolution de différentes bandes d'absorption en fonction de la température de dépôt. Le rapport des flux des gaz précurseurs est égale à 4. Le tableau en insert donne les valeurs de la fréquence de vibration de la liaison Si-N en fonction de la température de dépôt

Une analyse fine des spectres d'absorption infrarouge montre un décalage de la bande principale (Si-N mode élongation) vers les grandes fréquences avec la température de dépôt. Les valeurs de la fréquence de vibration de la liaison Si-N en fonction de la température de dépôt sont données dans le tableau en insert de la figure 2.19. Il est généralement admis que l'augmentation de la température provoque une densification du film SiN [89] qui tend vers une phase stoechiométrique. Nous observons également une diminution progressive des intensités des bandes associées aux liaisons Si-H et N-H quand la température de dépôt augmente, ce qui correspond à une diminution du taux d'hydrogène dans la couche. En effet, quand la température de dépôt croît, l'hydrogène peut diffuser en dehors du film. Cela crée des défauts (des liaisons pendantes) dans la couche SiN$_x$ [90].

Afin d'étudier l'effet de la température de dépôt sur les propriétés optiques de nos structures, nous avons réalisé des mesures de photoluminescence à température ambiante en utilisant une longueur d'onde d'excitation de 458 nm. La figure 2.20 montre l'évolution des spectres de PL des couches composites en fonction de la température de dépôt. Nous observons une augmentation de l'intensité de PL lorsque la température augmente de 300

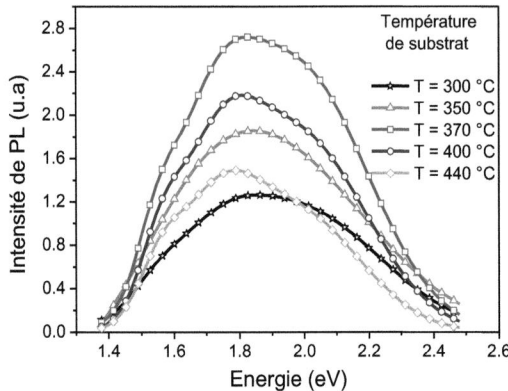

FIG. 2.20 – Effet de la température de substrat sur les propriétés de luminescence des couches composites de nitrure de silicium. Le rapport des flux des gaz précurseurs est égale à 4

à 370 °C, ce qui indique l'augmentation de la densité des nanoparticules de silicium formées au sein de la couche SiN_x. En effet, il a été montré que la température du substrat et l'énergie des ions permettent de contrôler la distance entre les sites de nucléation et donc la densité d'îlots [91]. D'autre part, l'augmentation de l'intensité du pic β (Fig.2.18) avec la température suggère que, contrairement à l'effet de la puissance RF, la température de substrat favorise la formation de nanoparticules de grande taille. La diminution de l'intensité du pic global de PL est attribuée à l'augmentation des centres non radiatifs due à la diffusion de l'hydrogène en dehors du film confirmée par les mesures d'absorption dans l'infrarouge.

2.3.7 Effet du temps de décharge du plasma

Dans cette étude, nous nous sommes intéressé à l'étude de l'effet du temps de décharge de plasma sur les propriétés des Np-Si. Les échantillons étudiés sont constitués de couches de nitrure de silicium préparées en faisant varier le temps t_{on} de 5 à 60 ms. La figure 2.21 montre les spectres de photoluminescence obtenus à température ambiante pour différents temps t_{on}.

Nous observons clairement un effet de déplacement du pic de PL vers les faibles énergies lorsque le temps t_{on} augmente. L'intensité de PL passe, quant à elle, par un maximum lorsque le temps t_{on} est de 10 ms. Dans une étude récente, Tran et al. [92] ont montré que la taille des Np-Si augmente avec l'augmentation du temps t_{on}. Ils ont donc attribué le décalage du pic de PL à un effet de confinement dans des grains de silicium. Dans le cas de nos structures, le décalage de la bande d'émission est faible pour les valeurs de t_{on} supérieures à 8.5 ms, puis il devient important pour un temps t_{on} de 5 ms.

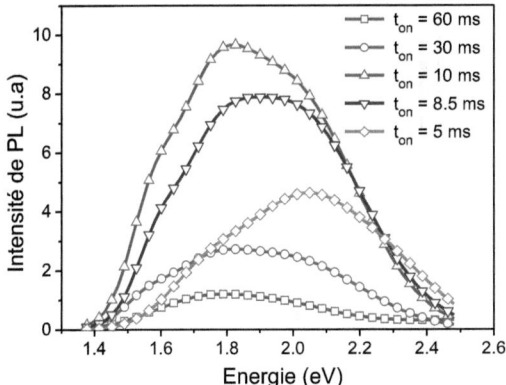

FIG. 2.21 – Effet du temps de décharge du plasma t_{on} sur les propriétés de luminescence de couches composites de nitrure de silicium. Le rapport des flux des gaz précurseurs est égale à 4

2.4 Influence d'un traitement thermique sur les propriétés des couches composites

Dans les premières parties de ce chapitre, nous avons étudié la formation, *in-situ*, des nanoparticules de silicium en fonction de différents paramètres de dépôt. Dans cette section, nous nous intéressons à l'analyse de l'influence d'un traitement thermique sur la structure et les propriétés de luminescence de Np-Si insérées dans une matrice SiN_x. Deux types de recuits ont été étudiés : un recuit rapide et un autre classique (lent). Afin d'obtenir des comparaisons claires entre les différents traitements thermiques, chaque recuit et les caractérisations qui en découlent ont été effecués à partir d'un même dépôt.

2.4.1 Cas d'un recuit rapide

Nous avons effectué une analyse de l'influence d'un recuit rapide RTA[4] sur l'évolution de la taille et la densité des Np-Si. La particularité du recuit RTA consiste en une montée à la température de recuit et une descente à la température ambiante très rapide. Ce procédé est utilisé dans les filières technologiques à faible budget thermique et sert en général à activer les dopants sans les redistribuer. Un échantillon préparé avec un rapport R égale à 4 a subi un recuit à différentes températures allant de 700 à 1000 °C. Le recuit a été effectué sous atmosphère d'azote pendant une minute.

Une étude par spectroscopie d'absorption infrarouge nous a permis, dans un premier temps, d'obtenir des informations sur l'évolution des liaisons chimiques, et donc de la structure de la couche SiN_x. La figure 2.22 montre des spectres d'absorption infrarouge typiques de l'échantillon étudié avant et après recuit. Sur le spectre de l'échantillon non

---

[4]Rapid Thermal Annealing

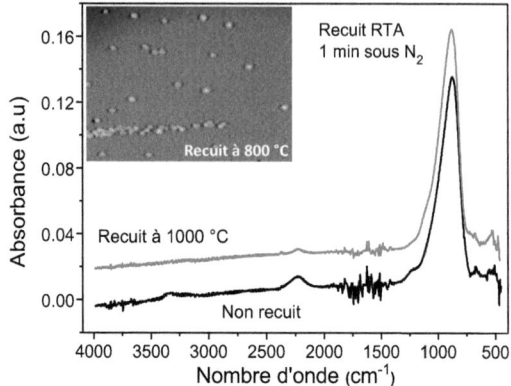

FIG. 2.22 – Spectres d'absorption infrarouge des couches SiN$_x$ non recuites et recuites à 1000 °C pendant une minute sous une atmosphère d'azote. La figure en insert montre une image en microscopie optique de l'effet blistering observé pour la couche SiN$_x$ recuite à 800 °C

recuit, le pic principal associé au mode "élongation" de la liaison Si-N apparaît à environ 850 cm^{-1}. Nous retrouvons également les autres modes à 2190 cm^{-1} (élongation) et 3330 cm^{-1} (élongation) des liaisons Si-H et N-H, l'hydrogène étant incorporé dans la couche SiN$_x$ lors du dépôt PECVD et provenant des deux gaz précurseurs SiH$_4$ et NH$_3$. Après un recuit à 1000 °C, nous pouvons noter principalement la diminution de l'intensité des pics associés aux liaisons Si-H et N-H. Cette évolution atteste d'un processus de désorption de l'hydrogène initialement présent dans la couche SiN$_x$ provoquant ainsi un effet de blistering[5]. En effet, durant le dépôt de la couche de SiN, l'hydrogène va se fixer préférentiellement sur les défauts de surface du matériau. Lors de l'étape de recuit, une partie de l'hydrogène libérée par la repture des liaisons Si-H et N-H du SiN diffuse en dehors de la couche et forme éventuellement du dihydrogène H$_2$. Si la concentration d'hydrogène devient localement trop importante, celui-ci risque de former des bulles de gaz sur la surface de la couche de nitrure (image en insert de la figure 2.22).
La présence de la bande qui correspond à la liaison Si-N, située à environ 2190 cm^{-1}, à une température de recuit de 1000 °C montre qu'une quantité d'hydrogène est encore stockée dans la couche. Certains auteurs ont relevé le fait que seule une petite partie d'hydrogène diffuse hors du nitrure pendant ce type de traitement thermique de courte durée [93].

Afin de vérifier la présence des nanoparticules de silicium, les couches SiN$_x$ ont été analysées par spectroscopie Raman en utilisant un spectromètre ARAMIS (Jobin Yvon) et une longueur d'onde d'excitation de 325 nm d'un Laser Ar$^+$. La figure 2.23 présente les spectres Raman des échantillons non recuit et recuit à 1000 °C. Le spectre de l'échantillon

---

[5]En raison de l'importante concentration d'hydrogène dans la couche SiN, un traitement à haute température peut entraîner dans certains cas le cloquage de celle-ci. Ce cloquage, communément appelé "blistering", se produit quand le film de SiN est soumis à une contrainte thermique importante

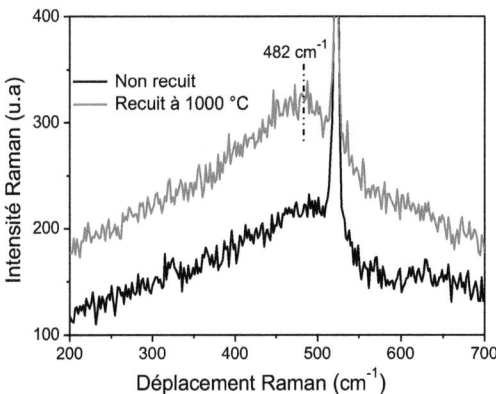

Fig. 2.23 – Spectres Raman des couches SiN$_x$ non recuite et recuite à 1000 °C pendant une minute sous une atmosphère d'azote. La couche SiN$_x$ est déposée sur un substrat de silicium avec un rapport R égale à 4

non recuit montre une large bande centrée autour de 482 cm^{-1}. Ceci représente une signature forte de la présence des nanoparticules de silicium amorphes dans la couche SiN$_x$ [71]. Il est à noter que le pic sité à 520 cm^{-1} correspond au mode de vibration TO du substrat de silicium.

Après recuit, l'intensité de cette bande augmente et sa largeur à mi-hauteur diminue légèrement, indiquant une évolution de la densité et de la taille des nanoparticules de silicium suite à une restructuration de la couche SiN$_x$ comme nous l'avons montré par les mesures d'absorption infrarouge.

L'émission de PL obtenue sur les échantillons recuits à différentes températures confirme cette évolution. Les spectres de PL représentés sur la figure 2.24, montrent une augmentation de l'intensité du pic global en fonction de la température de recuit. Pour des températures supérieures à 800 °C, l'intensité de photoluminescence chute. Il est intéressant, à ce stade, d'étudier un peu plus en détails l'évolution de chacune des caractéristiques (intensité, énergie, ...) de cette bande d'émission afin de mieux comprendre l'effet de la température du recuit RTA sur les propriétés des nanoparticules de silicium. A partir de la figure 2.24, nous pouvons considérer que les spectres de PL présentent principalement deux composantes autour de 1.75 et 2 eV. Ainsi, même si ces spectres peuvent être déconvolués par trois gaussiennes, nous avons choisis de faire une déconvolution avec seulement deux gaussiennes (P1 et P2)(figure 2.25). La variation de l'énergie et de l'intensité intégrée des deux pics P1 et P2 en fonction de la température de recuit est représentée sur la figure 2.26. Un léger déplacement de ces deux pics est nettement observé sur la figure 2.26 (a). Ce décalage est accompagné par une augmentation de l'intensité intégrée jusqu'à une température de 800 °C, pour le pic P1, et 700 °C, pour le pic P2. Même si la présence des grains de silicium au sein de la couche de nitrure, avant recuit, a été mise en évidence par les mesures Raman, ces évolutions de l'énergie et de l'intensité de luminescence ne

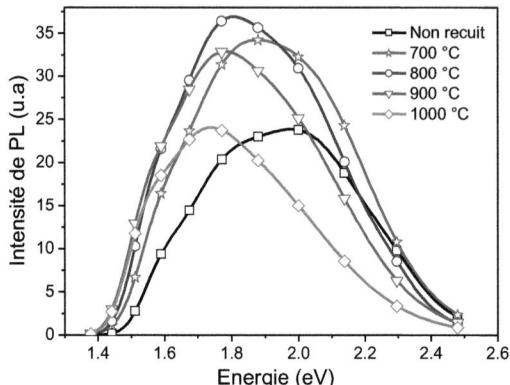

FIG. 2.24 – Effet d'un recuit rapide sur les propriétés de luminescence des couches composites de nitrure de silicium

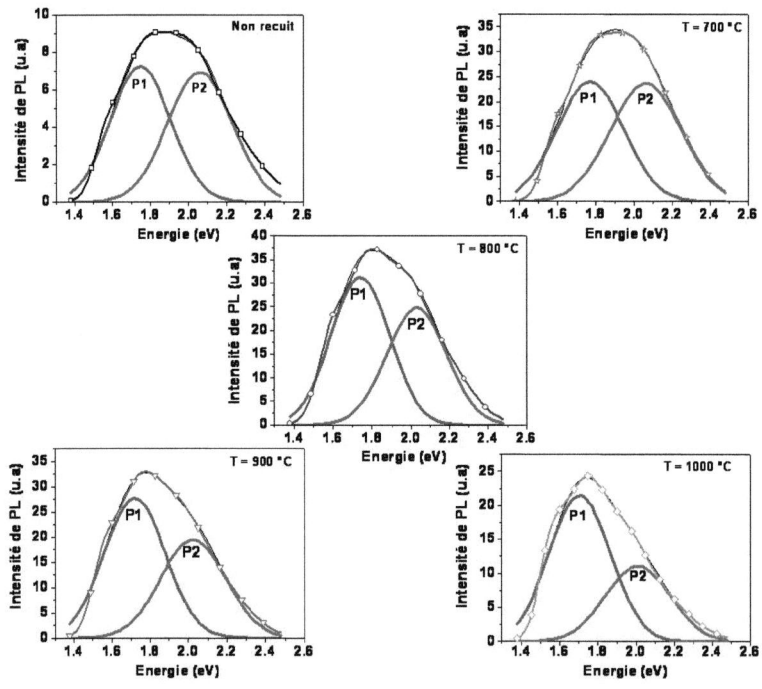

FIG. 2.25 – Spectres de PL pour différentes températures de recuit. Les spectres sont déconvolués avec deux gaussiennes pour observer l'évolution de l'intensité et de l'énergie de chaque composante

peuvent pas être interprétées par un changement de taille de ces grains de silicium. En

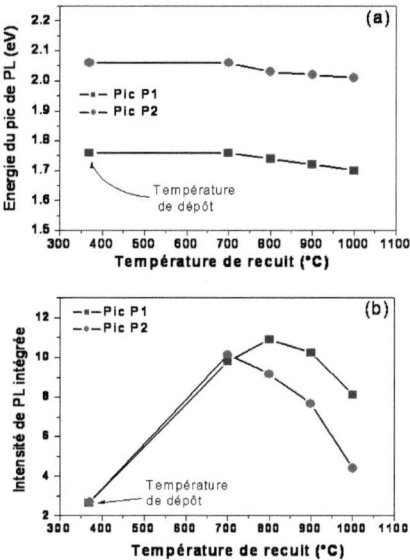

FIG. 2.26 – Effet de la température de recuit sur (a) l'énergie des deux pics P1 et P2 et (b) l'intensité intégrée des deux pics

effet, en se basant sur les calculs théoriques donnant la relation entre l'énergie de PL et la taille des nanoparticules, nous pouvons constater que le très faible décalage des deux pics (P1 et P2) ne correspond pas à un changement significatif de la taille des nanoparticules. Néanmoins, l'augmentation de l'intensité de PL peut être expliquée par la formation de Np-Si due à la nucléation des atomes de silicium en excès dans la couche SiN_x. Pour des températures de recuit supérieures à 700 °C, la diffusion de l'hydrogène en dehors du film est à l'origine de l'apparition des défauts non-radiatifs liés aux liaisons pendantes, ce qui explique la diminution de l'intensité de PL.

2.4.2 Cas d'un recuit classique

Le recuit classique (ou lent) est une étape fournissant l'énergie nécessaire à la restructuration de la couche et la modification des interfaces entre les nanoparticules et la matrice SiN_x. Ces recuits ont été réalisés dans un four SEMCO équipé d'un tube en quartz dont la température maximale est de 1100 °C. Le temps de recuit a été fixé à 30 min afin d'étudier l'influence de la température (700 - 1000 °C) sur les propriétés des Np-Si, et ce sous une atmosphères d'azote.

La figure 2.27 montre les spectres de PL obtenus pour différentes températures de recuit (T_r) en utilisant une longueur d'onde d'excitation de 364 nm d'un laser Ar^+. La bande de PL associée à l'échantillon non recuit est centrée à 1.90 eV. L'intensité de PL augmente

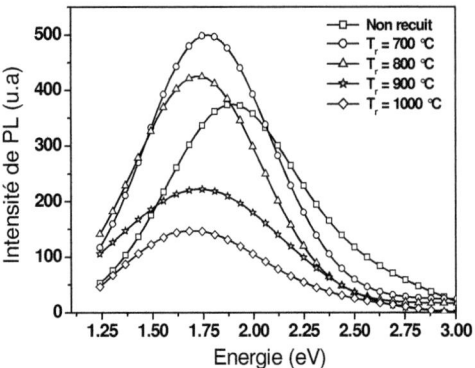

FIG. 2.27 – Effet de la température d'un recuit lent sur les propriétés de luminescence des couches composites de nitrure de silicium contenant des Np-Si

lorsque l'échantillon est recuit à 700 °C, puis elle décroît à partir d'une température de recuit de 800 °C. L'évolution de l'intensité s'accompagne d'un décalage de la bande de PL vers les faibles énergies. Ainsi, l'énergie de PL passe de 1.90 eV pour l'échantillon non recuit à 1.72 eV pour l'échantillon recuit à 800 °C. Pour des températures T_r supérieures à 800 °C, l'énergie de PL reste sensiblement identique. Cette évolution de la photoluminescence est en accord avec les resultats reportés dans la littérature sur des couches minces de SiN_x hydrogénées contenant des nanoparticules de silicium amorphes [94]. Hao et al. ont attribué la bande d'émission observée pour des températures de recuit inférieures à 800 °C à un effet de taille des Np-Si. Pour des températures plus élevées, les auteurs ont suggéré que l'augmentation de la taille des nanoparticules, sous l'effet de la température de recuit, entraîne une augmentation de la densité des états d'interface qui dominent les processus de recombinaisons radiatives.

Afin de clarifier les mécanismes de recombinaisons radiatives responsables de la luminescence dans nos structures, nous avons analysé l'évolution de la structure chimique des couches SiN_x en fonction T_r. La figure 2.28 montre les spectres d'absorption infrarouge obtenus en utilisant le mode transmission d'un spectromètre FTIR. La présence des pics associés aux liaisons Si-H et N-H dans le spectre de l'échantillon non recuit montre qu'il y a une proportion importante d'hydrogène dans la couche SiN_x. Pour les échantillons recuits, l'intensité des deux pics diminue puis s'annule à partir de 900 °C suite à la désorption de l'hydrogène. Cela signifie que, pour les hautes températures de recuit, la couche ne contient pas ou peu d'hydrogène. Notons que le pic qui apparaît à 1080 cm^{-1} est associé à la liaison Si-O du SiO_2 formée suite à une pollution du four par l'oxygène.

Ainsi, à partir de ces observations, nous pouvons expliquer l'évolution des spectres de PL comme suit : la taille des Np-Si, déjà présentes dans la couche SiN_x, croît quand la température de recuit est augmentée induisant une diminution de la bande interdite et donc, un décalage du pic de PL vers le rouge. La luminescence est due, dans ce cas, à un effet de confinement quantique dans les Np-Si. A partir de $T_r > 800$ °C, les défauts

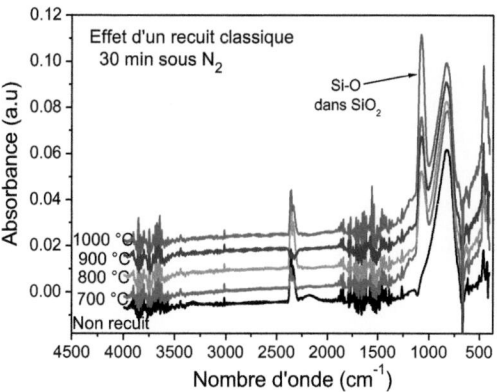

FIG. 2.28 – Spectres d'absorption infrarouge des couches de nitrure de silicium hydrogénées recuites à différentes températures pendant 30 mn sous un flux d'azote. Le pic qui apparaît à 1080 cm^{-1} est associé à la liaison Si-O du SiO_2 formée suite à une pollution du four par l'oxygène

d'interface entre les Np-Si et la matrice hôte ne sont plus passivés à cause du départ de l'hydrogène. Les recombinaisons se font donc via les niveaux localisés dus aux états d'interface.

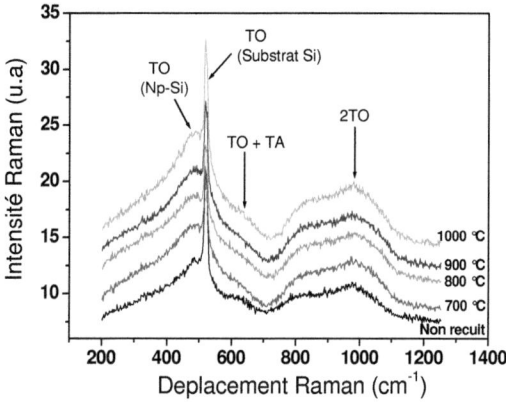

FIG. 2.29 – Spectres Raman des films de nitrure de silicium recuits à différentes températures pendant 30 min sous atmosphère d'azote

Pour confirmer ces hypothèses et vérifier la présence des Np-Si dans la couche SiN_x, nous avons réalisé des mesures par spectroscopie Raman sur les échantillons recuits. Les spectres Raman obtenus pour différentes températures de recuit sont représentés sur la figure 2.29. Nous observons sur ces spectres une bande large située à 484 cm^{-1} associée à des nanoparticules amorphes. L'intensité de cette bande augmente avec la température de recuit indiquant ainsi un accroissement de la densité des nanoparticules de silicium. Ces nanoparticules restent, néanmoins, à l'état amorphe même pour une température de 1000 °C.

2.5 Cas des nanoparticules de silicium insérées dans une matrice de SiO$_2$

L'élaboration des échantillons étudiés dans cette section consiste en un dépôt de couches minces de silice non-stoechiométriques (SiO$_x$) par pulvérisation magnétron, suivi d'un traitement thermique afin de former les nanoparticules de silicium. Ces échantillons ont été préparés au laboratoire CIMAP (ENSICAEN) en pulvérisant une cible de SiO$_2$ à l'aide d'un plasma contenant de l'argon et de l'hydrogène. L'utilisation du gaz réactif hydrogène entraîne des processus physico-chimiques complexes dans le plasma et à la surface du film déposé. Les dépôts ont été réalisés sur des substrats de silicium portés à une température de 200°C. Un des paramètres prépondérants est le taux d'hydrogène dans le plasma qui se définit comme :

$$r_H = \frac{P_{H_2}}{P_{H_2} + P_{Ar}} \tag{2.20}$$

où P$_{H_2}$ et P$_{Ar}$ sont, respectivement, les pressions partielles d'hydrogène et d'argon. Les couches ont été recuites à 1100 °C pendant une heure sous une atmosphère d'azote.

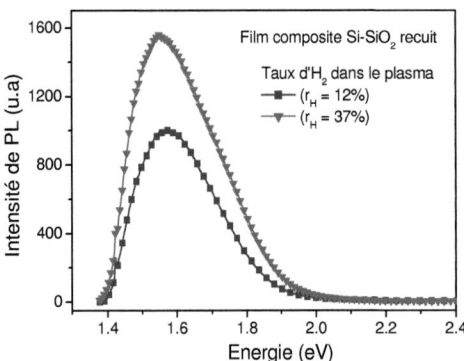

FIG. 2.30 – Spectres de photoluminescence des couches composites de SiO$_x$ pour deux taux d'hydrogène. Les couches sont recuites à 1100 °C pendant une heure sous une atmosphère d'azote

Les spectres de photoluminescence correspondant, obtenus en utilisant une longueur d'onde d'excitation de 458 cm^{-1}, sont présentés sur la figure 2.30. Ces spectres montrent que l'intensité de luminescence augmente lorsque le taux d'hydrogène passe de 12 à 37 %. Le pic de PL, situé à 1.53 eV, ne montre aucun décalage en fonction de r_H. Cela signifie que les nanoparticules de silicium présentes dans les deux couches ont la même taille. Cette taille est d'environ 5 nm estimée à partir des calculs théoriques réalisés par Delerue et al. [8]. L'évolution de l'intensité de PL suggère que l'augmentation du taux d'hydrogène dans le plasma favorise l'incorporation d'un excès d'atome de silicium permettant ainsi d'obtenir une forte densité de nanoparticules.

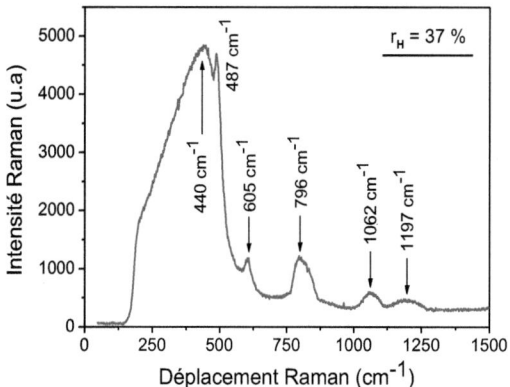

FIG. 2.31 – Spectre Raman d'une couche composite de SiO$_x$ déposée avec un taux d'hydrogène de 37 % et recuite à 1100 °C pendant une heure sous une atmosphère d'azote

La figure 2.31 montre un spectre Raman typique d'une couche composite déposée avec un taux d'hydrogène de 37 %. Le pic situé à 440 cm^{-1} est associé au mode de vibration due à la déformation du réseau Si-O-Si. Nous retrouvons aussi le pic associé à la vibration d'anneaux constitués de quatre tétraèdres et situé à 487 cm^{-1}. Nous pouvons également noter la présence du pic à 605 cm^{-1} qui correspond à la vibration d'anneaux plans constitués de trois tétraèdres ainsi que le pic à 796 cm^{-1} attribué au mouvement de déformation du réseau Si-O-Si impliquant l'atome d'oxygène et l'atome de silicium. Les autres pics qui apparaissent à 1062 et 1197 cm^{-1} sont associés respectivement aux modes transverse optique et longitudinal optique de l'élongation antisymétrique de la liaison Si-O-Si.

2.6 Conclusion du chapitre

Dans ce chapitre, nous avons mis en évidence la formation des grains de silicium pendant le dépôt PECVD basse température. Les expériences menées révèlent l'obtention des nanoparticules cristallines et amorphes ainsi que leur mélange dans une matrice SiN$_x$ selon les conditions de dépôt. L'idée de la fabrication des nanoparticules *in-situ* dans une matrice amorphe à basse température sans étape supplémentaire de recuit thermique reste très attractive pour le photovoltaïque du 3ème génération.

Dans le but de contrôler la densité et la taille de nanoparticules de silicium dans une couche amorphe de SiN_x :H, l'influence des différents paramètres de dépôt sur la formation des nanoparticules de silicium a été étudiée, parmi lesquelles la puissance de plasma, la température du substrat, la pression dans l'enceinte, ainsi que le rapport des flux des gaz précurseurs NH_3/SiH_4. Les propriétés de luminescence ont donc été mesurées et l'évolution du gap optique a été déterminée en complet accord avec les résultats obtenus jusqu'à présent sur ce type de couches. L'évolution des propriétés de luminescence a été confrontée aux résultats de caractérisation structurale montrant ainsi que les mécanismes d'émission des couches déposées sont dominés par un effet de taille des Np-Si. En particulier, une corrélation entre les résultats de photoluminescence et les analyses statistiques obtenues par TEM sur des couches préparées avec différentes pressions de dépôt a révélé une dépendance des caractéristiques de PL (intensité, énergie et largeur à mi-hauteur du pic de PL) en fonction de la taille et la dispersion en tailles des nanoparticules.

Les recuits thermiques effectués sur les films SiN_x ont permis d'identifier deux comportements différents pour l'évolution de la photoluminescence. Pour des températures de recuit inférieures à 800 °C, une optimisation de la PL a été constatée et la luminescence a été attribuée à la recombinaison des porteurs dans les nanoparticules de silicium (cas d'un recuit classique). L'utilisation d'une température de recuit supérieure à 800 °C provoque la désorption d'hydrogène fortement présent dans ce matériau et donc la réapparition des défauts non radiatifs, d'où une diminution de l'intensité de luminescence.

Chapitre 3

Etude des structures multicouches

Sommaire

3.1	**Multicouches d'oxyde de silicium déposées par pulvérisation magnétron : Matériau de base**	**63**
	3.1.1 Contrôle de la taille des nanoparticules de silicium	66
	3.1.2 Effet de l'énergie d'excitation sur les propriétés de luminescence	68
3.2	**Multicouches de nitrure de silicium déposées par PECVD** ..	**69**
	3.2.1 Analyse chimique et structurale	70
	3.2.2 Etude des propriétés de luminescence	74
3.3	**Super-réseaux de nanoparticules de silicium déposées à partir d'un plasma en régime de poudres**	**75**
3.4	**Conclusion du chapitre**	**76**

Un des challenges clairement identifié dans le chapitre précédent est de contrôler la taille et l'espacement entre les nanoparticules de silicium afin d'avoir de bonnes propriétés optiques et électriques nécessaires pour les futures applications en cellules tandem tout silicium. Une des voies les plus prometteuses est de synthétiser ces nano-objets en utilisant des structures en multicouches consistant en un dépôt alterné d'oxyde ou de nitrure stoechiométrique et d'oxyde ou de nitrure riche en silicium. Dans ce chapitre, nous présentons les propriétés des Np-Si dans des systèmes en multicouches élaborées par différentes techniques de dépôt.

3.1 Multicouches d'oxyde de silicium déposées par pulvérisation magnétron : Matériau de base

Dans cette approche, une succession de motifs constitués de deux sous-couches de composition et d'épaisseur différentes a été élaborée au laboratoire CIMAP (ENSICAEN) en pulvérisant une cible de SiO_2 à l'aide d'un plasma contenant de l'argon et de l'hydrogène. L'épaisseur de la sous-couche de silice enrichie en silicium (SES) permet de contrôler de façon précise la taille des nanograins de silicium présents. La réalisation d'un motif s'effectue en changeant la composition du plasma entre les phases de dépôt des deux sous-couches. Dans cette approche de dépôt par pulvérisation magnétron réactive, le taux d'hydrogène défini par $r_H = P_{H_2}/(P_{H_2} + P_{Ar})$ où P_{H_2} et P_{Ar} sont, respectivement, les pressions partielles d'hydrogène et d'argon, permet de réduire les espèces oxydées dans le plasma et d'enrichir ainsi en silicium la couche SiO_2 déposée. Le temps de dépôt détermine l'épaisseur tandis que le type de gaz du plasma gouverne la composition. Les multicouches sont déposées sur des substrats de quartz ou de silicium chauffés à 600 °C. Les multicouches ont été élaborées en faisant varier l'épaisseur de la couche de silice enrichie en silicium (SES) ou celle de la bicouche SES/SiO_2 en gardant l'épaisseur de SiO_2 constante et égale à 3 nm. Les échantillons ont été recuits à 1100 °C pendant une heure sous flux d'azote. Le tableau 3.1 récapitule les caractéristiques de différentes multicouches.

Echantillon	Epaisseur SES (nm)	Epaisseur SiO_2 (nm)	Nbre de bicouches
A477R1	5	3	30
A478R1	5	3	120
A479R1	3	3	240
A480R1	3	3	120

TAB. 3.1 – Caractéristiques des multicouches préparées au laboratoire CIMAP (ENSICAEN) par pulvérisation magnétron réactive

Des observations en microscopie électronique à transmission réalisées au laboratoire IM2NP (Marseille) ont permis de visualiser la structure multicouche de l'échantillon A480R1. La figure 3.1(a) montre une coupe transverse en mode champ clair de l'échantillon A480R1. Sur cette figure, Les lignes sombres correspondent à la couche SES alors que les lignes claires représentent la couche barrière SiO_2. Afin de mettre en évidence la présence des nanoparticules de silicium dans la couche SES, des observations en microscopie électronique à haute résolution (HRTEM) ont été effectuées sur le même échantillon. L'image HRTEM représentée sur la figure 3.1(b) montre un empilement de sous-couches parallèles à l'interface entre le substrat de silicium et la structure multicouches. Néanmoins, la présence des Np-Si n'a pas pu être mise en évidence sur cette image. Des analyses complémentaires par imagerie filtrée sur les bandes plasmon, en utilisant le déplacement du pic plasmon entre le silicium (4 électrons de valence par atome Si) et la silice (16 électrons de valence par atome Si), ont été effectuées. En effet, en utilisant la technique dite EELS[1], nous pouvons observer les Np-Si formées dans la couche SES suite au traitement thermique de précipitation. Ces Np-Si apparaissent clairement sur l'image filtrée par rapport au plasmon de silicium à 16 eV (Fig. 3.2(a)). Leur diamètre apparent moyen est de 3.2 nm. D'autre part, le profil en concentration de silicium obtenu à partir de l'image filtrée confirme la bonne périodicité de la structure (Fig. 3.1(c)). De plus, d'autres mesures en microscopie électronique à transmission haute résolution en vue plane faites sur le même échantillon (figure 3.2(b)) montrent une forte concentration de Np-Si d'environ 4.1 10^{12} cm^{-2}.

---
[1] Electron energy loss spectroscopy

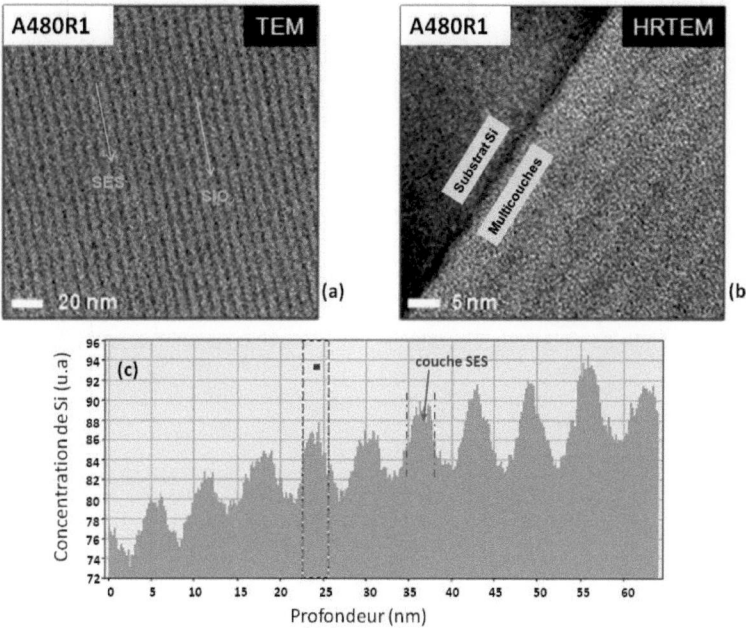

FIG. 3.1 – (a) Image TEM (coupe transverse) et (b) image TEM haute résolution (vue de dessus) en mode champ clair de l'échantillon A480R1. (c) Profil correspondant de la concentration relative en silicium. Les mesures sont réalisées au laboratoire IM2NP

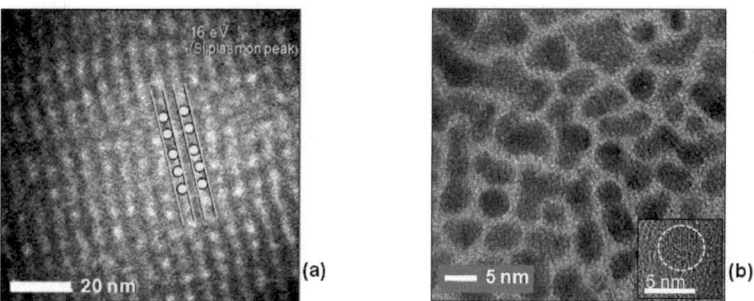

FIG. 3.2 – (a) Image filtrée sur le plasmon du silicium de l'échantillon A480R1. Les nanoparticules apparaissent clairement sur cet image avec un diamètre apparent moyen de 3,2 nm. (b) Image en microscopie électronique à transmission haute résolution du même échantillon montrant une forte concentration de Np-Si ($4.1\ 10^{12}\ cm^{-2}$). Les mesures sont réalisées au laboratoire IM2NP

3.1.1 Contrôle de la taille des nanoparticules de silicium

Outre les propriétés structurales, nous nous sommes intéressés à étudier l'effet de la taille des nanoparticules de silicium sur leurs propriétés optiques et optoélectroniques. Ceci devra nous permettre de confirmer le bon contrôle de la taille, déjà mise en évidence par microscopie électronique, et donc du gap des Np-Si en réalisant l'approche multicouche.

Ainsi, des mesures de photoluminescence ont été réalisées sur différentes multicouches

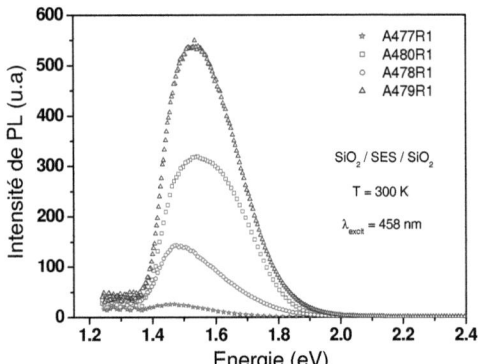

FIG. 3.3 – Spectres de photoluminescence, à température ambiante, de différentes multicouches recuites à 1100 °C pendant une heure sous une atmosphère d'azote

en utilisant la raie 458 nm d'un laser Ar^+ et une puissance d'excitation de 200 mW. Les spectres obtenus sont représentés sur la figure 3.3. Ces spectres montrent une intensité de luminescence très importante, confirmant la forte densité de nanoparticules de silicium dans les multicouches observée par microscopie électronique.

Afin d'étudier l'évolution de l'énergie du maximum de PL en fonction de l'épaisseur des couches SES, les spectres de luminescence ont été normalisés (figure 3.4). A partir des spectres de PL des échantillons A478R1 et A480R1, représentés sur la figure 3.4(a), nous observons clairement un décalage du maximum du pic d'émission vers les grandes énergies lorsque l'épaisseur de la couche SES, i.e la taille des nanoparticules de silicium, diminue. L'énergie de PL passe de 1.47 eV pour une épaisseur de 5 nm à 1.55 eV pour une épaisseur de 3 nm. D'autre part, les spectres d'émission des deux multicouches ayant le même motif (e_{SiO_2} = 5 nm et e_{SES} = 5 nm) montrent que la position du maximum du pic de PL est la même pour les deux échantillons (Fig. 3.4(b)). Ces observations sont en accord qualitatif avec la théorie du confinement quantique qui prévoie un décalage du pic de PL en fonction de la taille des Np-Si [95]. En effet, les mesures réalisées par différents groupes [28, 96, 97] sur des structures similaires ont montré que le pic d'émission se décale vers les grandes énergies lorsque l'épaisseur de la couche active (SiO_x) diminue. Ce décalage a été attribué à un effet de confinement dans les grains de silicium.

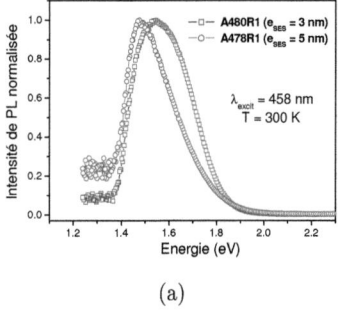
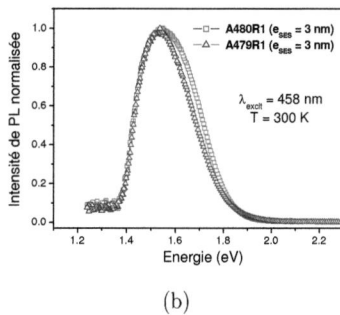

(a) (b)

FIG. 3.4 – Evolution de l'énergie de PL en fonction de l'épaisseur de la couche de silice enrichie en silicium (SES). (a) pour des épaisseurs différentes de la couche SES et (b) pour la même épaisseur de la couche SES

Echantillon	Epaisseur SES (nm)	Energie de PL (eV)	Intensité intégrée
A477R1	5	1.47	8.37
A478R1	5	1.47	41.06
A479R1	3	1.55	154.33
A480R1	3	1.55	98.22

TAB. 3.2 – Valeurs de l'énergie et de l'intensité intégrée du pic de PL pour les différentes multicouches

Pour confirmer le décalage en énergie du pic de PL observé pour deux épaisseurs de la couche SES, nous avons réalisé des mesures d'absorption optique sur les structures multicouches présentant deux tailles de Np-Si différentes. En effet, cette technique permet de déterminer les paramètres optiques du matériau étudié tels que le coefficient d'absorption, le gap optique et l'indice de réfraction. Les mesures dans la gamme UV-visible ont été réalisées en utilisant le spectromètre FTIR (Bruker 80) qui a servi pour l'acquisition des spectres d'absorption infrarouge. Ce spectromètre dispose d'une source tungstène. Le système de détection est composé de deux détecteurs : une diode silicium (9000 - 18000 cm^{-1}) et une diode GaP (17500 - 25000 cm^{-1}) permettant de couvrir la gamme qui nous intéresse. La résolution spectrale choisie vaut 4 cm^{-1}. L'analyse est faite en mode transmission sur des multicouches déposées sur un substrat de quartz qui présente l'avantage d'avoir une absorption très faible dans le domaine spectral étudié et en particulier dans le proche UV.

La figure 3.5 présente les tracés de Tauc des échantillons A480R1 et A478R1 obtenus en utilisant la relation :

$$\alpha h\nu = B^{Tauc}(h\nu - E_g^{opt})^2 \qquad (3.1)$$

où h est la constante de Planck, ν la fréquence des radiations et B^{Tauc} est une constante dite paramètre de Tauc [98, 99]. Les oscillations observées dans le domaine du visible

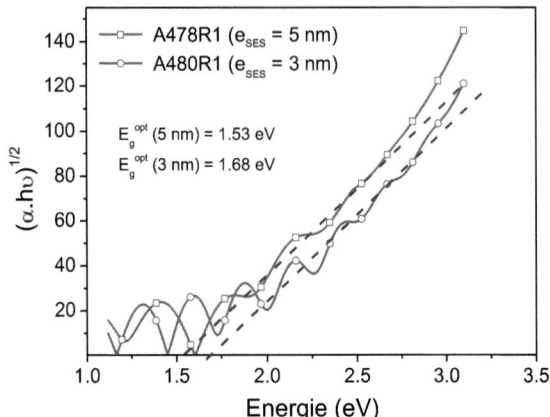

FIG. 3.5 – Tracés de Tauc des multicouches A480R1 et A478R1. Les droites correspondent aux extrapolations linéaires qui permettent d'extraire le gap optique E_g^{opt}

entre 1.1 eV et 2.2 eV sont liées à des phénomènes d'interférence du fait de l'épaisseur des films déposés. L'extrapolation de la partie linéaire des tracés de Tauc nous a permis de déterminer le gap optique indirect E_g^{opt}. Les valeurs de E_g^{opt} obtenues montrent un décalage du seuil d'absorption vers les hautes énergies pour des épaisseurs de la couche SES décroissantes. Ceci est en accord avec les résultats de PL confirmant ainsi l'hypothèse de l'existence d'un effet de confinement quantique, responsable de l'émission dans ces structures.

3.1.2 Effet de l'énergie d'excitation sur les propriétés de luminescence

Les analyses par microscopie électronique à transmission des structures multicouches ont montré que ce système permet d'obtenir des Np-Si de taille bien contrôlée. Cependant, nous pouvons remarquer à partir de la figure 3.4 que les spectres de PL ne peuvent pas être fités par une seule gaussienne. Cela signifie qu'il y a plus d'un mécanisme d'émission dans ces structures. Nous avons déjà montré que le pic principal se décale en fonction de la taille des grains de silicium et nous l'avons donc attribué aux nanoparticules de silicium. L'utilisation d'une autre longueur d'onde d'excitation dans l'UV peut donner des renseignements supplémentaires sur les autres mécanismes d'émission qui peuvent avoir lieu dans ces systèmes [100]. Des mesures de PL à température ambiante ont été réalisées en utilisant la raie 244 nm d'un laser Ar$^+$ doublé en fréquence afin d'exciter le matériau à plus haute énergie.

La figure 3.6 montre les spectres de PL de l'échantillon A480R1 pour deux énergies d'excitation différentes. Le spectre obtenu avec une excitation de 458 nm (2.7 eV) est relativement large. Sa décomposition n'est possible qu'avec l'utilisation de deux gaussiennes

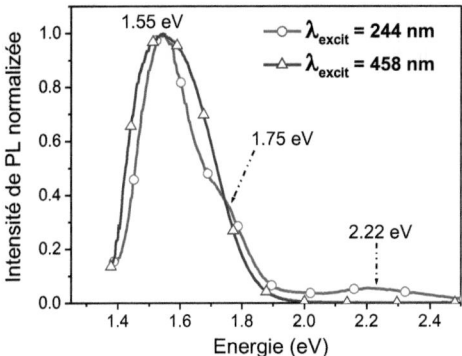

FIG. 3.6 – Spectres de photoluminescence de l'échantillon A480R1 obtenus avec deux longueurs d'onde d'excitation différentes

respectivement centrées à 1.55 et 1.7 eV. Lorsque l'échantillon est excité à plus haute énergie, avec une longueur d'onde de 244 nm (5.08 eV), le spectre de PL montre une structure plus fine avec trois pics situés respectivement à 1.54, 1.72 et 2.22 eV. Comme nous l'avons mentionné auparavant, le premier pic est attribué à un effet de confinement quantique dans les nanograins de silicium. D'autre part, le pic à 2.22 eV qui a été observé pour tous les échantillons est probablement associé à des défauts radiatifs dans l'oxyde. Son énergie est invariante en fonction de la taille des Np-Si. Le troisième pic est attribué aux états d'interfaces Np-Si/SiO_2.

En conclusion, l'utilisation des techniques de caractérisation complémentaires a permis de mettre en évidence l'intérêt des structures SiO_2/SES/SiO_2 pour le contrôle de la taille des Np-Si. L'étude de la distribution en taille a montré que les multicouches permettent d'obtenir des agrégats de taille limitée, contrôlée par l'épaisseur de la couche SES. Dans la section suivante nous traitons le système équivalent à base de nitrure de silicium.

3.2 Multicouches de nitrure de silicium déposées par PECVD

Comme nous l'avons montré dans la première partie de ce chapitre, les multicouches à base d'oxyde de silicium présentent des résultats intéressants et des avantages non négligeables, en particulier en ce qui concerne le contrôle de la taille des nanoparticules de silicium. Toutefois, les possibilités offertes par l'utilisation d'autres matrices diélectriques présentant une plus faible barrière tunnel et permettant donc une injection des porteurs de charges plus efficace semblent plus intéressantes. C'est pour cela que le développement des structures multicouches, contenant des Np-Si, à partir de nitrure de silicium a été récemment entrepris. En fabriquant des structures Si_3N_4/SiN_x/Si_3N_4, dans lesquelles la couche SiN_x représente le puit alors que la couche Si_3N_4 joue le rôle d'une barrière, ceci devrait permettre un meilleur contrôle de la taille des nanograins de silicium formés au sein de la couche SiN_x. Cette approche semble donc être prometteuse puisqu'elle devrait permettre, non seulement de s'affranchir du problème de la large distribution en taille des Np-Si, mais aussi de rendre plus facile le transport de charge par effet tunnel pour des épaisseurs très fines ($<$ 4 nm) de la couche barrière.

Nous nous sommes donc intéressés à l'étude des structures multicouches élaborées par PECVD au sein de l'équipe photovoltaïque de l'INL. L'idée était de tester la faisabilité de cette approche par rapport à la possibilité d'obtenir des nanoparticules de silicium *in-situ*. Ces multicouches ont été préparées en alternant une couche active de nitrure de silicium riche en silicium (SiN_x :H) de rapport R égale à 10 optimisé et une couche de Si_3N_4 quasi-stoechiométrique (R = 30). En effet, une étude préliminaire faite sur une série d'échantillons constitués de couches composites de nitrure de silicium a montré que ces échantillons présentent un maximum de luminescence ainsi que la plus forte densité de Np-Si pour un rapport 10 des flux des gaz précurseurs. Ce même rapport a donc été choisis pour préparer les couches actives de SiN_x dans les structures multicouches étudiées dans cette section. Nous avons procédé à des analyses structurales et physico-chimiques de ces multicouches en utilisant différentes techniques de caractérisation afin d'avoir une idée complète sur la structure. Ces analyses ont été complétées par des mesures de photoluminescence à température ambiante qui seront présentées à la fin de cette section.

Echantillon	t_{dpt} SiN_x (s)	t_{dpt} Si_3N_4 (s)	N^{bre} de bicouches
E099A	20	6	4
E104A	20	6	12

TAB. 3.3 – Caractéristiques des multicouches étudiées. Les rapports des flux des gaz sont de 10 et 30 respectivement pour la couche SiN_x et la couche Si_3N_4. t_{dpt} représente le temps de dépôt

3.2.1 Analyse chimique et structurale

Des analyses en microscopie électronique à transmission effectuées sur des structures similaires préparées dans les mêmes conditions en utilisant le même réacteur PECVD ont permis de mettre en évidence l'intérêt de ces structures. L'image TEM présentée sur la figure 3.7 montre la vue en coupe d'une structure en multicouches obtenue par HAADF-STEM[2] dans le cadre de la thèse de J.F Lelièvre [32]. Il s'agit d'un empilement de 8 bicouches de SiN d'indice 1.90 (proche de Si_3N_4) et 1.98 (riche en silicium) d'épaisseurs respectives 3 et 8 nm. Ce résultat prouve qu'il est possible de contrôler précisément l'épaisseur des couches déposées par PECVD.

Des mesures d'absorption dans l'infrarouge ont été effectuées sur la multicouche E099A déposée sur un substrat de silicium dont la face arrière est polie afin de travailler en mode transmission. Le spectre d'absorption infrarouge obtenu est présenté sur la figure 3.8 pour la gamme spectrale 400 - 4000 cm^{-1}, après soustraction de la contribution du substrat.

---

[2]High angle annular dark field (**HAADF**) scanning transmission electron microscopy (**STEM**)

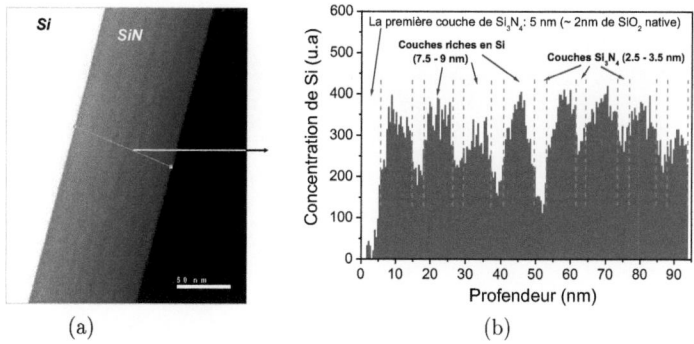

(a) (b)

FIG. 3.7 – (a) Vue en coupe HAADF-STEM des 8 bicouches en SiN et (b) profil correspondant de la concentration relative en silicium. D'après [32]

L'échantillon présente plusieurs bandes d'absorption situées à 469, 852, 1199, 2198 et 3358 cm^{-1}. Ces bandes correspondent respectivement aux modes de vibration des liaisons Si-N (respiration), Si-N (élongation), N-H (déformation hors du plan), Si-H (élongation) et N-H (élongation). Les différents modes de vibration identifiés sont caractéristiques de la couche SiN$_x$ riche en silicium. Notons que les pics apparaissant à 1600 cm^{-1}, 2300 cm^{-1} et 3750 cm^{-1} sont dus aux liaisons O-H dans le H$_2$O et C-O dans CO$_2$ provenant de l'air qui existe dans l'enceinte de mesure.

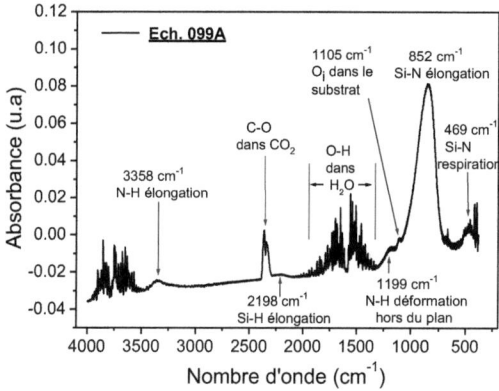

FIG. 3.8 – Spectre d'absorption infrarouge de la multicouche E099A (Si$_3$N$_4$/SiN$_x$/Si$_3$N$_4$) déposée sur un substrat de silicium

La structure de la multicouche a été également analysée par réflectivité des rayons X en incidence rasante. Cette technique est particulièrement adaptée à l'étude de la struc-

ture des multicouches périodiques nanométriques [101]. Elle est en effet, caractéristique du profil de densité électronique d'une couche dans la direction normale à la surface de l'échantillon. Ce profil représente l'évolution de la densité électronique en fonction de l'altitude z dans le matériau et permet de remonter à de nombreuses informations relatives au film nanostructuré. Rappelons que les courbes de réflectivité comportent trois domaines caractéristiques :
- Un plateau qui correspond à une réflexion totale $R = 1$ lorsque $q < q_c$
- Une chute de la reflectivité en $q = q_c$
- Une décroissance en $1/q4$ quand $q > 3q_c$.

q_c étant le vecteur de transfert critique. La reflectivité d'une multicouche constituée d'un motif périodique dans la direction z présente des maxima principaux et secondaires appelés respectivement pics de Bragg et franges de Kiessig. La figure 3.9 montre un exemple de spectre de réflectivité d'une structure en multicouches.

- Les franges de Kiessig de période t permettent de remonter directement à l'épais-

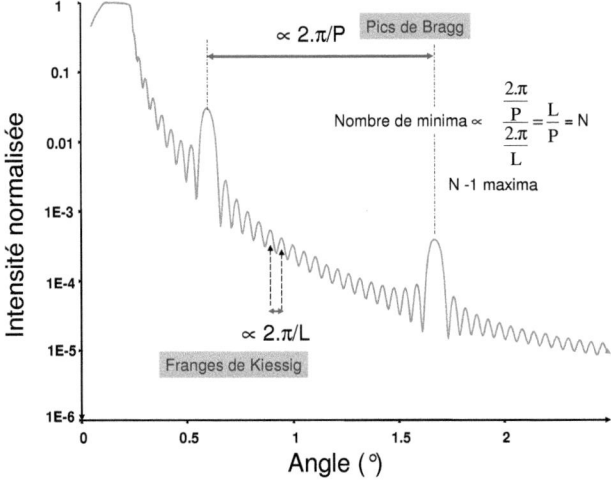

FIG. 3.9 – Exemple de spectre de réflectivité d'une structure multicouche. Le spectre montre des franges de Kiessig et des pics de Bragg

seur totale L de la multicouche déposée sur le substrat suivant la relation :

$$L = \frac{2\pi}{t} \quad (3.2)$$

- La période T des pics de Bragg permettent de remonter directement à l'épaisseur P des couches répétées périodiquement, par l'équation :

$$P = \frac{2\pi}{T} \qquad (3.3)$$

Notons que ces expressions obtenues par la théorie cinétique négligent la réfraction dans les couches.

Il existe deux méthodes pour acquérir l'intensité réfléchie par une multicouche en fonction du vecteur de diffusion $q = 4\pi sin\theta/\lambda$. La première méthode consiste à mesurer cette intensité en fonction de l'angle d'incidence θ en utilisant un rayonnement monochromatique de longueur d'onde λ. Dans ce cas, la principale difficulté technique est de réaliser un balayage angulaire en $\theta/2\theta$ à très faible angle d'incidence. L'autre méthode, moins utilisée, consiste à éclairer la multicouche avec un faisceau parallèle de rayons X blancs, sous une incidence θ fixée, et à enregistrer la répartition spectrale de l'intensité réfléchie. L'intérêt est qu'il n'y a pas de mouvement au cours de l'acquisition, ainsi l'information recueillie concerne une aire fixée de l'échantillon éclairée par le faisceau incident, puisque θ est constant.

Les mesures des courbes de reflectivité ont été réalisées en utilisant une radiation CuKα ($\lambda = 0.154$ nm). La figure 3.10 montre une courbe de réflectivité de la multicouche E099A sur laquelle nous pouvons observer d'une façon très nette les franges de Kiessig. Les flèches indiquent la position des pics de Bragg associés à l'existence de la périodicité au sein de la multicouche.

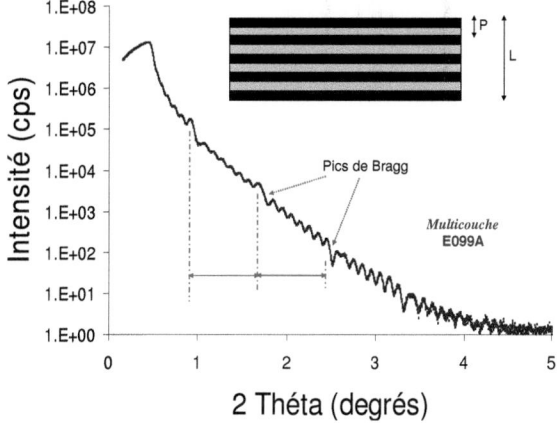

FIG. 3.10 – Courbe de réflectivité de la multicouche E099A composée de 4 périodes d'une couche de 5 nm de nitrure de silicium riche en silicium (R = 10) et d'une couche de nitrure de silicium quasi-stoechiométrique (R = 30). Nous observons des oscillations de Kiessig et des pics de Bragg

Comme nous l'avons indiqué précédemment, les pics de Bragg et les franges de Kiessig permettent de déterminer respectivement l'épaisseur des couches répétées périodiquement et l'épaisseur totale de la multicouche suivant les relations 3.2 et 3.3. Ainsi, pour l'échantillon E099A, nous avons obtenu une épaisseur totale du film de 29 nm pour une épaisseur de la bicouche de 7 nm.

3.2.2 Etude des propriétés de luminescence

Les mesures de PL ont été réalisées à température ambiante en utilisant la raie 458 nm d'un laser Ar$^+$ comme longueur d'onde d'excitation avec une puissance de 200 mW. Le détecteur est une barrette CCD silicium refroidie à 140 K. Les spectres de PL des multicouches E099A et E104A sont représentés sur la figure 3.11.a. Le maximum du pic de PL est situé à la même énergie pour les deux échantillons. Ceci est normal puisque le rapport R de la couche active est le même dans les deux cas. Cependant, l'intensité de PL est quatre fois plus grande dans le cas de la multicouche ayant le plus grand nombre de bicouches.

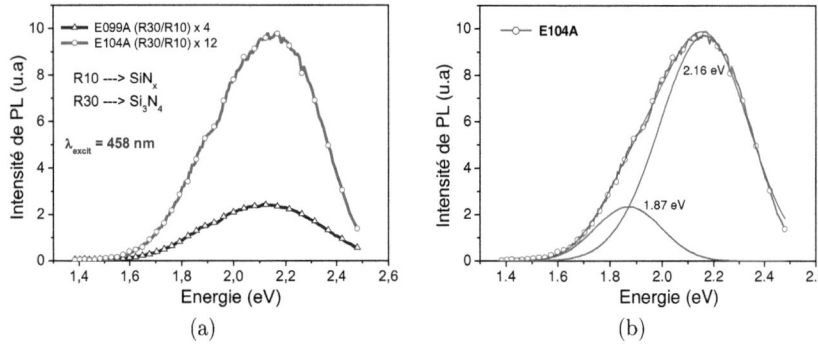

FIG. 3.11 – (a) Spectres de photoluminescence des multicouches E099A et E104A obtenus à température ambiante et (b) spectre déconvolué de la multicouche E104A

D'autre part, la déconvolution du spectre de PL de la multicouche E104A montre que ce spectre est composé de deux pics de PL situés à 1.87 et 2.16 eV (Fig. 3.11.b). Ces deux pics correspondent à ceux observés dans le cas des couches composites préparées en utilisant le même rapport R. En effet, les conditions de dépôt utilisées pour faire croître la couche SiN$_x$ de rapport R égale à 10 dans la structure multicouche sont les mêmes que celles qui ont servies pour la croissance de la couche composite "R = 10" et qui présente une forte densité de Np-Si. Ainsi, même si nous n'avons pas pu mettre en évidence la présence des grains de silicium dans la multicouche par les analyses TEM, nous pouvons considérer que la couche SiN$_x$ contient des nanograins de silicium qui sont responsables de l'émission dans le visible.

Des multicouches SiN$_x$/Si$_3$N$_4$ ont été préparé par Rizzoli et al. [102] à partir d'un mélange gazeux SiH$_4$/NH$_3$/H$_2$. L'analyse par spectroscopie de photoluminescence de ces structures en fonction de l'épaisseur de la couche SiN$_x$ a montré un décalage vers le bleu ainsi qu'une augmentation du rendement de PL pour des épaisseurs décroissantes. Ces résultats ont été interprétés en terme de quanfinement spatial de paires électron-trou dans les fines couches de SiN_x.

3.3 Super-réseaux de nanoparticules de silicium déposées à partir d'un plasma en régime de poudres

Afin d'obtenir de fortes densités de nanoparticules de silicium, nous avons tout d'abord étudié des couches simples de Np-Si déposées en utilisant une nouvelle approche dite de plasma poudreux (dusty plasma) au sein de l'équipe "Photovoltaïque" de l'INL. L'idée principale de cette approche développée est de déposer des nanoparticules de silicium, formées dans la phase gazeuse, sur un substrat et puis de les isoler les unes des autres par une couche diélectrique telle que le nitrure de silicium. Afin de réaliser une telle approche, il faut passer aux conditions de plasma poudreux. L'utilisation du silane dilué comme seul gaz précurseur à basse température et à basse pression permet ces conditions. Dans un plasma de silane, le schéma le plus couramment admis pour expliquer la croissance des nanoparticules de silicium est le suivant : les précurseurs moléculaires vont, par le biais de différentes réactions chimiques, donner naissance à des macromolécules puis à des nanoparticules. Ces nanoparticules vont s'accumuler dans le plasma jusqu'à atteindre une densité critique qui déclenchera le processus d'agglomération (ou d'agrégation). Ce processus se poursuivra jusqu'à ce que les particules atteignent une taille de quelques dizaines de nanomètres à partir de laquelle la croissance est essentiellement assurée par le dépôt de radicaux à la surface des particules.

Dans cette approche, le paramètre clé permettant de contrôler la taille des Np-Si est la durée de décharge du plasma, ie. le temps t_{on}. En effet, en modulant les temps d'allumage et d'extinction de la décharge, nous allons théoriquement pouvoir stopper la croissance des nanoparticules à différentes étapes de leur formation (Fig.3.12).

Le nombre de cycles de décharge fait varier la densité des Np-Si déposées sur le substrat. Nous avons ainsi étudié les propriétés morphologiques et structurales des couches de nanoparticules de silicium préparées en utilisant un plasma de silane (SiH_4) dilué dans l'Ar pure. La température de dépôt étant inférieure à 100 °C. La taille moyenne des Np-Si a été contrôlée en faisant varier la durée de décharge du plasma, i.e. le temps t_{on}, tout en gardant le temps d'extinction du plasma t_{off} constant et égal à 500 ms. Les figures 3.13(a), 3.13(b) et 3.13(c) représentent des images en microscopie à force atomique (AFM) des Np-Si déposées sur un substrat de silicium pour différents temps t_{on}. Ces images montrent une faible fluctuation de taille de nanoparticules formées. De plus, un bon contrôle de la taille des Np-Si a été obtenu. Ainsi, la taille moyenne passe de 2 nm pour un temps t_{on} de 3 ms à 12 nm pour t_{on} égale à 8 ms. L'évolution du diamètre des Np-Si en fonction de la durée de décharge est présentée sur la figure 3.13(d). Nous pouvons constater l'augmentation linéaire du diamètre en fonction du temps t_{on}.

Dans le but de contrôler la densité des nanoparticules de silicium, le nombre de cycles de décharge du plasma a été également varié. La figure 3.14 montre les images AFM pour deux nombres de cycles de décharge différents. Nous pouvons constater qu'il y a une forte augmentation de la densité des Np-Si lorsque le nombre de cycles de décharge augmente.

A partir des résultats de caractérisation par microscopie à force atomique qui montrent une bonne homogénéité de la taille des nanoparticules ainsi qu'une forte densité, des

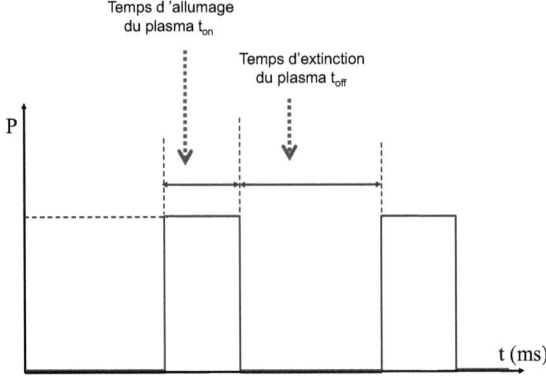

FIG. 3.12 – Modulation des temps d'allumage (t_{on}) et d'extinction (t_{off}) de la décharge dans le réacteur PECVD utilisé pour le dépôt des nanoparticules de silicium à partir d'un plasma de silane

super-réseaux de Np-Si ont été élaborés par l'équipe "Photovoltaïque" de l'INL. Ces structures sont préparées en alternant une couche de nitrure quasi-stoechiométrique (R = 30) et une couche de nanoparticules de silicium obtenue à partir d'un plasma en régime de poudres (plasma poudreux).

La figure 3.15 permet de comparer le spectre de photoluminescence du super-réseau, dont la couche de nanoparticules a été préparée avec un temps t_{on} de 5 ms, et celui d'une couche composite de SiN_x contenant des nanoparticules de silicium. Nous pouvons, tout d'abord, remarquer que la largeur à mi-hauteur du spectre de PL du super-réseau (0.39 eV) est inférieure à celle obtenue pour la couche composite (0.6 eV), ce qui montre que la distribution de taille est mieux maîtrisée dans le cas de l'approche "plasma poudreux". D'autre part, étant donné que les nanoparticules de silicium formées sont interconnectées, le pic de PL qui correspond au super-réseau est décalé vers les faibles énergies. Ce décalage est probablement due à un effet de couplage entre les nanoparticules voisines, ce qui entraine une diminution du degré de confinement quantique dans ce système.
Les analyses par microscopie à force atomique et par spectroscopie de photoluminescence ont donc montré des résultats très prometteurs en ce qui concerne le contrôle de la taille et la densité des nanoparticules de silicium en utilisant l'approche "plasma poudreux". Nous verrons dans le chapitre suivant les propriétés photoélectriques de ces structures à travers des mesures de photocourant.

3.4 Conclusion du chapitre

Dans ce chapitre, nous avons mené une étude des structures multicouches élaborées par différentes techniques de dépôt. Un signal de PL très intense et de faible largeur

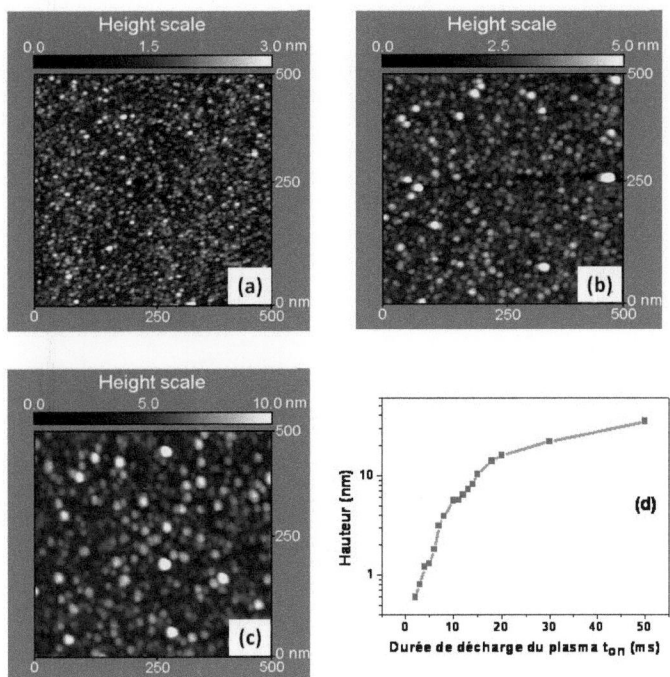

FIG. 3.13 – Images AFM en mode tapping des nanoparticules de silicium déposées sur un substrat de silicium pour une durée de décharge du plasma t_{on} de (a) 3 ms, (b) 6 ms, et (c) 8 ms. (d) évolution du diamètre des Np-Si en fonction du temps t_{on}

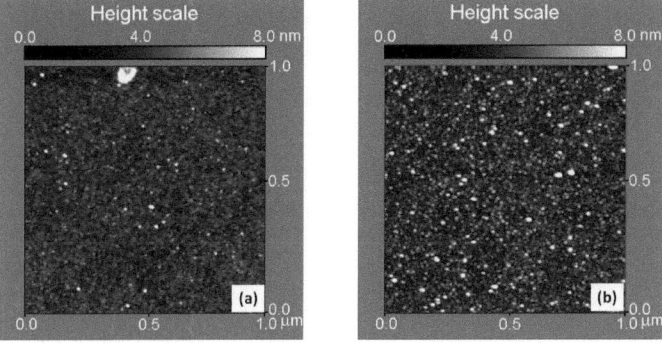

FIG. 3.14 – Images AFM en mode tapping des nanoparticules de silicium en fonction du nombre de cycles de décharge du plasma : (a) faible densité et (b) forte densité de Np-Si

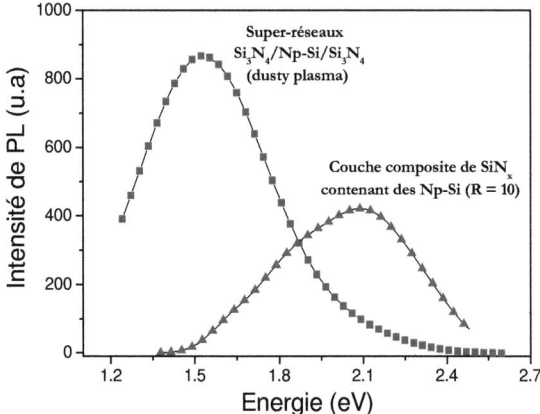

FIG. 3.15 – Comparaison entre le spectre de photoluminescence d'un super-réseau préparé à partir d'un plasma de silane en régime de poudres (dusty plasma) et celui d'une couche composite SiN$_x$ (R = 10). La taille moyenne des Np-Si est d'environ 4 nm dans les deux cas

à mi-hauteur, liée à une faible dispersion en taille, est observé pour les multicouches SiO$_2$/SES/SiO$_2$ préparées par pulvérisation magnétron et recuites à 1100 °C montrant ainsi l'intérêt de ces structures pour le contrôle de la taille et la densité des nanoparticules de silicium. L'étude de la PL pour différentes épaisseurs de la couche de silice enrichie en silicium (SES) montre un décalage de l'énergie d'émission, dont l'évolution est en accord avec la variation de la taille des Np-Si observée par microscopie électronique à transmission, ce qui constitue la signature forte que le confinement quantique dans les Np-Si est à l'origine de la luminescence observée. D'autre part, les mesures par microscopie à force atomique des multicouches Si$_3$N$_4$/Np-Si/
Si$_3$N$_4$ déposées par PECVD dans des conditions du plasma poudreux montrent que la durée de décharge du plasma permet un bon contrôle de la taille des nanoparticules, alors que le nombre de cycles de décharge gouverne la densité des Np-Si déposées sur le subtrat.

Chapitre 4

Propriétés photovoltaïques de couches composites et de multicouches contenant des nanoparticules de silicium

Sommaire

4.1	**Propriétés d'absorption des couches nanostructurées**	**80**
	4.1.1 Mesures d'absorption optique dans l'UV-Vis-proche IR	80
	4.1.2 Coefficient d'absorption des nanoparticules de silicium dans SiN_x	81
	4.1.3 Effet de la taille des nanoparticules de silicium : approche multicouche	82
4.2	**Propriétés de photocourant des couches composites et multicouches**	**84**
	4.2.1 Mécanismes de transport dans les couches composites	84
	4.2.2 Simulation des courants tunnel à travers des barrières diélectriques	88
	4.2.3 La spectroscopie de photocourant	91
	4.2.4 Mesure du courant photogénéré dans les couches composites de nitrure de silicium	92
	4.2.5 Mesures de conduction et du photocourant des structures en multicouches d'oxyde de silicium	94
	4.2.6 Propriétés de photocourant des super-réseaux préparés à partir d'un plasma poudreux	98
4.3	**Analyse quantitative de photocourant**	**99**
4.4	**Conclusion du chapitre**	**101**

Au cours des deux chapitres précédents, nous avons montré qu'il est possible de contrôler la taille et la densité des nanoparticules de silicium en utilisant différentes approches qui consistent à élaborer des couches composites et des multicouches d'oxyde ou de nitrure de silicium préparées par différentes techniques. Les propriétés de luminescence ont été mesurées et l'évolution du gap optique a été déterminée en complet accord avec les résultats de la littérature obtenus jusqu'à présent sur ce type de matériau. Les couches de nitrure de silicium déposées par PECVD présentent un avantage par rapport aux couches de SiO$_2$ grâce à la formation *in situ* des nanograins de silicium. La faible densité de ces nanograins, et par conséquence la grande distance inter-cristallites qui en résulte, représente néanmoins un inconvénient majeur pour les propriétés de conduction dans ce matériau. En revanche, l'étude structurale et par spectroscopie optique des multicouches SiO$_2$/SES/SiO$_2$ a montré que les agrégats de silicium présentent une distribution en taille très étroite, mettant ainsi en évidence l'intérêt de cette approche pour le contrôle de la taille des nanoparticules. Dans ce chapitre, l'accent est mis sur l'analyse des propriétés d'absorption optique et de transport de charges dans les couches nanostructurées afin de tester leur efficacité "photovoltaïque" et évaluer la possibilité de réaliser des cellules multijonctions à base de ces nanomatériaux. Dans un premier temps, nous présenterons les résultats des analyses par spectroscopie d'absorption dans l'UV-visible obtenus sur des couches composites d'oxyde ou de nitrure de silicium ainsi que sur des multicouches SiO$_2$/SES/SiO$_2$. Dans la deuxième partie, nous rappelerons tout d'abord les mécanismes de conduction dans les couches composites. Les résultats de simulation des courants qui peuvent être générés dans un système simple constitué d'une nanoparticule isolée et deux contacts sera ensuite présenté. Nous en déduirons le nombre maximum de paires électrons-trous par unité de temps pouvant être ainsi extraits de chaque nanoparticule en régime permanent en considérant qu'il n'y a ni accumulation de charges dans les particules ni recombinaisons des paires électrons-trous. Enfin, nous présenterons les données expérimentales obtenues par spectroscopie de photocourant sur différents systèmes à nanoparticules.

4.1 Propriétés d'absorption des couches nanostructurées

4.1.1 Mesures d'absorption optique dans l'UV-Vis-proche IR

Les mesures d'absorption dans la gamme UV-visible-proche IR présentées dans ce chapitre ont été effectuées en utilisant différents dispositifs. Ainsi, pour les couches composites de nitrure de silicium nous avons utilisé un spectrophotomètre classique "Lambda 9" type Perkin Elmer installé au laboratoire LPMCN de l'Université Lyon 1. Dans le cas des couches composites et multicouches d'oxyde de silicium déposées par pulvérisation magnétron, les mesures d'absorption sont faites avec le spectromètre FTIR du laboratoire qui a servi pour les analyses dans l'infrarouge des échantillons étudiés dans ce travail.

Le principe de l'absorption optique repose sur la mesure des intensités des radiations transmise et réfléchie à travers l'échantillon et leur comparaison directe avec celle qui se propage dans l'air sur la voie de référence. L'intensité absorbée I_a de l'échantillon peut être déduite à partir des intensités transmise I_t, réfléchie I_r et incidente I_i suivant la relation :

$$I_a = I_i - (I_t + I_r) \tag{4.1}$$

Ainsi que nous l'avons déjà expliqué dans le chapitre II, les mesures d'absorption permettent de connaître la valeur de la bande interdite E_g du matériau étudié. En effet, pour être absorbés, les photons incidents doivent avoir une énergie supérieure à E_g. La position énergétique du seuil d'absorption donne donc une bonne estimation de la bande interdite E_g. Au niveau du seuil d'absorption, le coefficient d'absorption α peut être exprimé par la relation :

$$\alpha h\nu \propto (h\nu - E_g)^\gamma \qquad (4.2)$$

Dans cette expression, γ est une constante qui est égale à 1/2 pour les transitions électroniques directes et 2 pour les transitions indirectes [103, 104]. En traçant la courbe donnant la variation du coefficient d'absorption en fonction de l'énergie des photons incidents $h\nu$, nous pouvons déterminer par extrapolation le seuil d'absorption du matériau. Ce dernier correspond à l'intersection de cette courbe avec l'axe des abscisses. Le décalage du seuil d'absorption du matériau nanostructuré par rapport à celui du silicium massif peut donc révéler la présence de confinement quantique dans les grains de silicium. Notons tout de même que cette relation n'est rigoureuse que pour les semiconducteurs à l'état massif, mais elle est de plus en plus utilisée pour les nanostructures semiconductrices.

D'autre part, le coefficient d'absorption du matériau nanostructuré peut être déterminé en utilisant la relation [105] :

$$\alpha = \frac{1}{d} \ln \frac{T_S(1 - R_C)}{T_C} \qquad (4.3)$$

où d est l'épaisseur de la couche, T_C et R_C sont respectivement la transmittance et la reflectance de la couche. T_S est la transmittance du substrat.

4.1.2 Coefficient d'absorption des nanoparticules de silicium dans SiN_x

Comme nous l'avons déjà précisé dans la section précédente, les mesures de reflectance et de transmittance des couches SiN_x contenant des Np-Si ont été réalisées à l'aide d'un spectromètre de type Perkin Elmer. Ce spectromètre est composé d'une source optique constituée de deux lampes qui permettent de couvrir tout le spectre de mesure de l'appareil, d'un monochromateur permettant d'effectuer un balayage des longueurs d'onde et d'un détecteur. Pour ces mesures, les couches de nitrure de silicium, préparées avec différents rapports R, sont déposées sur un substrat de verre transparent aux longueurs d'onde considérées. Rappelons que R désigne le rapport des flux des gaz précurseurs utilisés pour déposer la couche SiN_x. La figure 4.1 montre les spectres de transmission et de réflexion des couches composites sur une gamme de longueur d'onde allant de 300 à 950 nm.

Afin d'évaluer les propriétés d'absorption des Np-Si en fonction de la stoechiométrie de la couche SiN_x, nous avons déterminé le coefficient d'absorption $\alpha(\hbar\omega)$ en utilisant la relation (4.3). Les spectres donnant la variation de $\alpha(\hbar\omega)$ en fonction de l'énergie des photons pour différentes valeurs du rapport R sont représentés sur la figure 4.2. Le coefficient d'absorption se décale vers les grandes énergies lorsque le rapport R augmente,

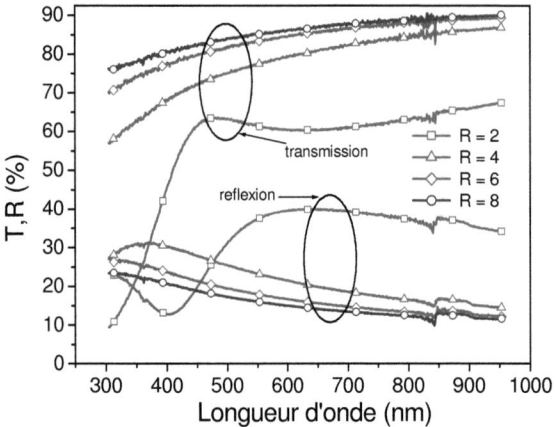

FIG. 4.1 – Spectres de transmission et de réflexion des couches composites de nitrure de silicium pour différents rapports R des flux des gaz précurseurs

i.e. quand la couche SiN$_x$ est moins riche en silicium, indiquant une augmentation de l'énergie du gap optique E$_g^{opt}$. Ce dernier correspond au gap moyen entre celui des Np-Si et celui du nitrure. Le décalage de E$_g^{opt}$ confirme le rôle du confinement quantique dans les mécanismes de luminescence de ces structures discutés dans la section 2.3.3 du chapitre II. Le coefficient d'absorption effectif des nanoparticules de silicium et de la couche de nitrure est plus faible que celui de Silicium monocristallin (autour de 10^6 cm^{-1} pour 4 eV dans le silicium massif). Ainsi, pour augmenter le nombre effectif de nanoparticules et par conséquent l'absorbance, les couches à nanoparticules doivent être plus épaisses. Nous constatons également que plus le rapport R augmente, i.e. la couche SiN$_x$ devient moins riche en silicium, plus le coefficient d'absorption diminue. Ceci peut être lié au fait que la densité d'états est plus importante dans le cas des Np-Si de grande taille.

4.1.3 Effet de la taille des nanoparticules de silicium : approche multicouche

Des mesures d'absorption optique en mode transmission ont été effectuées sur des multicouches déposées sur un substrat de quartz. La comparaison des coefficients d'absorption selon la taille des nanograins de silicium est reportée sur la figure 4.3. Les spectres montrent que, sur toute la gamme d'énergie étudiée, le coefficient d'absorption α décroît lorsque la taille des nanoparticules diminue. Notons que les oscillations observées dans le domaine du visible sont liées à des phénomènes d'interférence du fait de l'épaisseur importante des films.

Pour confirmer cette tendance, l'étude d'autres structures multicouches avec une épaisseur de la couche SES plus faible et plus importante a été réalisée. La couche barrière SiO$_2$ est de 1.5 nm d'épaisseur alors que celle de la couche active de silice enrichie en

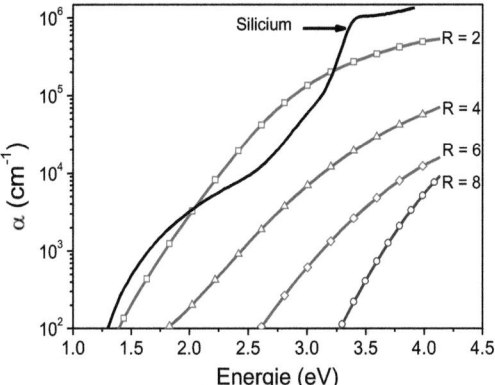

FIG. 4.2 – Coefficient d'absorption des couches SiN_x riches en silicium pour différents rapports R des flux des gaz précurseurs. R détermine la stoechiométrie de la couche

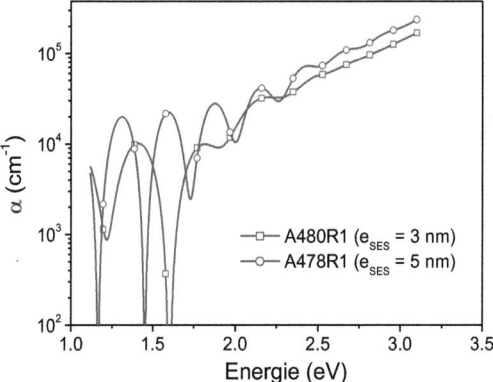

FIG. 4.3 – Coefficient d'absorption des multicouches $SiO_2/SES/SiO_2$ pour différentes épaisseurs de la couche SES. Les oscillations observées dans le domaine du visible sont liées à des phénomènes d'interférence du fait de l'épaisseur des films déposés

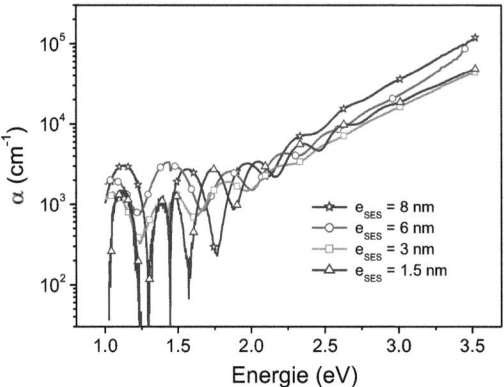

FIG. 4.4 – Coefficient d'absorption des multicouches $SiO_2/SES/SiO_2$ pour différentes épaisseurs de la couche SES. Les multicouches ayant la plus grande épaisseur de la couche SES présente le coefficient d'absorption le plus important

silicium (SES) varie entre 1.5 et 8 nm. Le nombre de bicouches a été ajusté afin d'avoir une épaisseur totale du film de 1.4 μm. Les spectres d'absorption obtenus sont représentés sur la figure 4.4. L'analyse de ces spectres révèle que α est d'autant plus important que l'épaisseur de la couche SES, et par conséquence la taille des Np-Si, est importante. Notons que le coefficient d'absorption est déterminé en considérant l'épaisseur totale des sous-couches SES pour chaque multicouche. La valeur de α pour les grandes épaisseurs de la couche SES mesuré à 2.5 eV est comparable à celle du silicium mono- ou polycristallin (10^4 cm^{-1}) utilisé dans la technologie des cellules solaires de deuxième génération.

4.2 Propriétés de photocourant des couches composites et multicouches

4.2.1 Mécanismes de transport dans les couches composites

Dans cette section, nous présentons les différents mécanismes de conduction dans les couches composites, i.e. des grains de silicium insérés dans une matrice diélectrique. Dans ce système, la conduction associée aux grains de silicium doit toujours être prise en compte en fonction de la matrice environnante. Cette matrice isolante a une conductivité bien inférieure à celle des îlots de silicium semiconducteurs. Par conséquent, la conductivité globale du système îlot/matrice est fortement gouvernée par les propriétés de l'isolant. Pour examiner les mécanismes de conduction des diélectriques, nous considérons que le courant est continu, donc dépendant de la résistance du système. Celle-ci peut être située à l'interface avec l'électrode ou dans le volume du diélectrique [106]. Parmi les conductions contrôlées par l'injection, seuls les processus tunnel seront détaillés : les émissions thermoïoniques [107] et Richardson-Schottky [108] ne seront pas abordées. Pour la conduction limitée par le volume, nous distinguerons les conductions Poole-Frenkel et Hopping.

a) Conduction par injection Fowler-Nordheim

Lorsque la résistance volumique du système est négligeable et que le diélectrique est suffisamment mince, le transport dans les diélectriques se fait par effet tunnel. Le formalisme qui est couramment utilisé pour modéliser ce mécanisme se base sur une approche semi-classique, où le coefficient de transmission est le seul paramètre provenant de la théorie quantique. Le champ électrique et la distribution des charges étant calculés séparément en utilisant l'équation de Poisson.

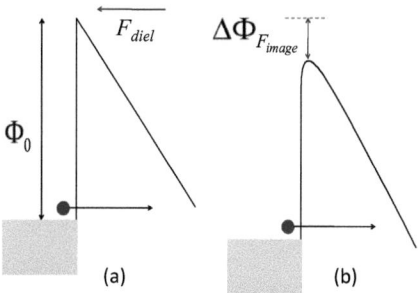

FIG. 4.5 – (a) Diagramme de bandes d'énergie dans le cas d'une émission Fowler-Nordheim d'un métal vers un diélectrique. (b) La diminution de barrière $\Delta\Phi_{F_{image}}$ est due à la prise en compte de la force image

En effet, à forts champs électriques, la barrière énergétique vue par les électrons est triangulaire. Les électrons transitent par effet tunnel de la bande de conduction ou de valence de la cathode vers la bande de conduction de l'isolant. C'est la conduction tunnel de type Fowler-Nordheim (Fig.4.5). Si nous prenons en compte l'effet de la force image, il en résulte une barrière avec un angle supérieur légèrement arrondi. Il faut toutefois noter que dans le cas de forts champs électriques, l'effet de la force image sur les mécanismes tunnel reste négligeable.

Le mécanisme de tunnel Fowler-Nordheim a été introduit dans le cas d'émission d'électrons depuis un métal dans le vide. Murphy et Good adaptèrent cette théorie à l'émission d'électrons d'un métal dans un diélectrique en 1956. Dans le cas où l'électrode injectante est un semiconducteur dégénéré, l'expression du courant de type Fowler-Nordheim des électrons à travers une structure MIS (Métal-isolant-semiconducteur) est donnée par l'équation suivante [109] :

$$J_{FN}(F_{diel}, T) = \frac{4q\pi m_{Si}^* kT}{h^3} \cdot \int_0^{\Phi_0} \ln(1 + \exp(\frac{E_F - E}{kT})) . \Gamma(E) dE \quad (4.4)$$

où m_{Si}^* est la masse effective de l'électron dans le silicium, E_F est le niveau de Fermi et

Γ (E) est le coefficient de transmission à travers la barrière énergétique.

b) Conduction par effet tunnel direct

Lorsque l'épaisseur du diélectrique est inférieure à 3 nm, le transport est dominé par l'injection tunnel d'électrons de la bande de conduction de la cathode vers la bande de conduction de l'anode (Fig. 4.6). Dans ce cas, la barrière énergétique vue par les électrons est trapézoïdale. C'est la conduction par tunnel direct.

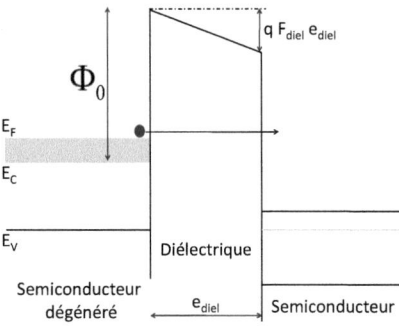

FIG. 4.6 – Diagramme de bandes d'énergie dans le cas d'une émission par tunnel direct dans une structure semiconducteur-isolant-semiconducteur (sans effet de force image)

La théorie introduite dans le cas d'une conduction par effet tunnel Fowler-Nordheim peut s'adapter au cas du tunnel direct à condition d'introduire quelques modifications légères présentées par Fromhold [110]. La différence principale avec la théorie de Fowler-Nordheim est le changement du coefficient de transmission qui s'exprime alors par :

$$\Gamma(E) = exp[-\frac{8\pi\sqrt{2m^*_{diel}}}{3qhF_{diel}}[(\Phi_0 - E)^{3/2} - (\Phi_0 - F_{diel}.e_{diel} - E)^{3/2}]] \qquad (4.5)$$

E et Φ_0 sont l'énergie et la hauteur de barrière du porteur considéré et e_{diel} correspond à l'épaisseur du diélectrique.

c) Conduction Poole-Frenkel

Ce type de conduction est limité par le volume. Nous supposons qu'il existe un contact ohmique à l'électrode injectante, i.e. une source inépuisable d'électrons (trous) libres dans la cathode (anode). Dans ce cas, la conduction dépend avant tout des propriétés volumiques du diélectrique, et notamment des pièges qui se trouvent dans sa bande interdite.

La conduction par effet Poole-Frenkel (Fig.4.7) correspond à l'émission thermoïonique d'électrons d'un piège, situé dans le volume du diélectrique. Cette émission est causée par un champ électrique important appliqué au système. Les électrons sont successivement capturés puis relâchés par les pièges. La conduction par effet Poole-Frenkel est assez

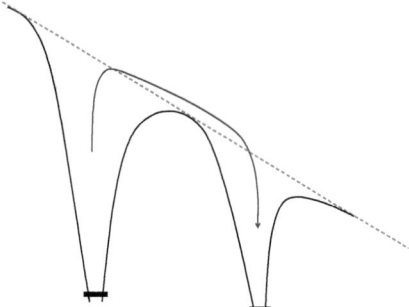

FIG. 4.7 – Diagramme de bandes d'énergie unidimensionnel illustrant l'effet Poole-Frenkel conventionnel dans le cas des électrons. Le transport d'électrons entre les pièges a lieu par effet thermoïonique

complexe. Pour simplifier, nous pouvons nous limiter à l'expression finale de la densité de courant qui est :

$$J_{PF}(F_{diel}) = A_{PF} F_{diel} \exp(\frac{B_{PF}\sqrt{F_{diel}}}{k.T}) \quad (4.6)$$

La courbe $\ln(J_{PF}/F_{diel})$ en fonction du radical de F_{diel} correspond donc à une droite dans le cas d'un processus Poole-Frenkel. Le paramètre α_{PF} qui peut en être extrait renseigne sur la distance entre les pièges.

d) Conduction Hopping

Si dans le processus Poole-Frenkel les porteurs ont assez d'énergie pour passer d'un piège à l'autre par effet thermoïonique, dans le cas du Hopping les charges se déplacent uniquement par effet tunnel entre les pièges (Fig.4.8).
Ces derniers doivent être très proches pour que la probabilité de passage soit non nulle. L'expression de la densité de courant Hopping J_H s'écrit [108] :

$$J_H(F_{diel}, T) = \frac{q^2}{kT} \frac{d^2}{\tau_0} n^* F_{diel} \exp(-\frac{2m^*_{diel}}{\hbar}\Phi_m d) \quad (4.7)$$

où $1/\tau_0$ est la fréquence des transitions tunnel, et n^* est la densité d'électrons dans les pièges.

Il existe aussi une expression basée sur la loi de Mott qui prend en compte des polarons, des quasi-particules électron-phonon, et une distribution aléatoire de pièges [111].

$$J_H(T) = J_0 \exp(-(\frac{T_0}{T})^\alpha) \quad (4.8)$$

où J_0 et T_0 sont des paramètres dépendants du matériau, et α dépend de la dimension

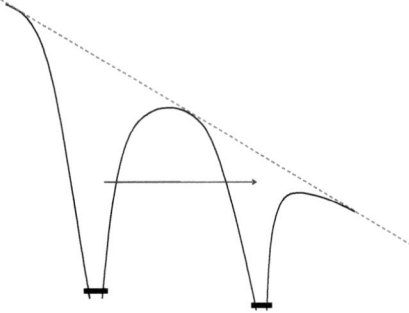

FIG. 4.8 – Diagramme de bandes d'énergie unidimensionnel illustrant le mécanisme de conduction Hopping

du système : $\alpha = 1/2$ pour un système 1D, $\alpha = 1/3$ pour un système 2D et $\alpha = 1/4$ pour un système 3D. La courbe $\ln(J_H)$ en fonction de T permet de déterminer la valeur de α et d'extraire les paramètres J_0 et T_0.

4.2.2 Simulation des courants tunnel à travers des barrières diélectriques

Des simulations ont été effectuées en collaboration avec Alain Poncet à l'aide du logiciel QUANTIX développé à l'INL afin de calculer le courant tunnel à travers une barrière diélectrique, entre une nanoparticule et un substrat de silicium. Ces simulations ont été réalisées en résolvant les équations de Poisson et de Schrödinger dans l'approximation de la masse effective et en 2D, en supposant des nanoparticules de silicium de forme sphérique et par conséquent des structures à symétrie de révolution. Les hauteurs de barrière utilisées pour Si_3N_4 sont de 2.1 eV pour la bande de conduction et 1.6 eV pour la bande de valence [112, 113], alors que les valeurs données par Green dans ses nombreuses publications sont respectivement 1.9 eV et 2.3 eV [114]. Le courant est évalué en supposant que la quantité de charges disponibles à tout instant dans une nanoparticule est connue.

Pour la simulation des courants à travers les barrières diélectriques, l'hypothèse de départ a été celle d'une conduction par effet tunnel direct, soit entre nanoparticules voisines, soit entre les nanoparticules et les électrodes. Tout en étant conscient du fait que cette hypothèse était hautement improbable, surtout avec des couches déposées, nous avons décidé de nous limiter à ce seul mécanisme de conduction. En effet, les données expérimentales n'ont pas pu être obtenues dans les délais préconisés pour qualifier d'une part l'influence des défauts et des pièges dans la conduction à travers les couches de nitrure, et d'autre part les taux de recombinaison des paires électron-trou.
Nous avons ainsi étudié l'influence de certains paramètres sur les propriétés de conduction dans ces structures. Nous avons en particulier montré l'avantage du nitrure sur la silice en termes de courants et quantifié l'impact des hauteurs de barrière. En effet, les

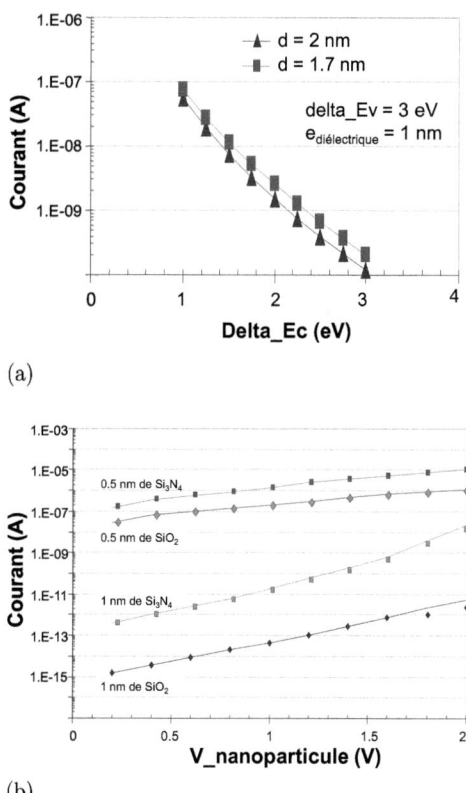

FIG. 4.9 – (a) Effet des offsets de bande sur le courant tunnel entre une nanoparticule et le contact de surface. (b) Effet de la polarisation sur le courant entre une nanoparticule et le contact de surface, pour deux épaisseurs de diélectriques, deux matériaux SiO_2 et Si_3N_4

courants tunnel obtenus avec SiO_2 comme diélectrique sont beaucoup plus faibles que ceux obtenus avec du Si_3N_4. Le nitrure est plus favorable à une évacuation satisfaisante des charges photogénérées, d'une part par ses plus faibles hauteurs de barrières, d'autre part par une différence plus réduite entre la bande de conduction et la bande de valence (pour cette dernière, les données de la littérature sont cependant assez dispersées selon les auteurs : de 1.5 à 2.3 eV). Ce sont naturellement ces hauteurs de barrière qui affectent au premier ordre les courants tunnel (Fig. 4.9 a), tout comme le font les épaisseurs des couches diélectriques (Fig. 4.9 b).

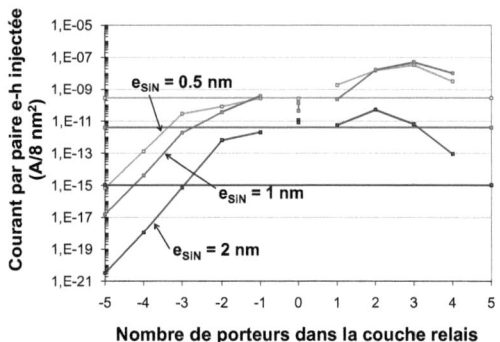

FIG. 4.10 – Courant électronique par effet tunnel en fonction de l'état de charges de la couche relais. Le champ électrique est créé grâce aux deux contacts N^+ et P^+ de part et d'autre de l'empilement SiN/Si/SiN/Si/SiN. Les simulations ont été faites pour 3 épaisseurs différentes de la couche SiN la plus proche du contact N^+ : 0.5 nm, 1 nm et 2 nm. Les deux autres couches de nitrure ont une épaisseur de 1 nm. Les traits horizontaux représentent les courants en l'absence de couche relais

La figure 4.10 permet de déterminer la densité d'électrons dans la couche relais à partir de laquelle cette couche ne provoque pas une augmentation mais au contraire une réduction du courant tunnel. L'évolution du courant en fonction de l'état de charge est donnée, sur la figure 4.10, pour trois épaisseurs différentes de la couche supérieure de nitrure. Nous observons en particulier qu'en présence de trous dans la couche relais, la bande de conduction s'abaisse, ce qui fait passer le courant d'électrons par un maximum.

Afin d'avoir une idée sur l'évolution du courant en fonction de la position d'un puits relais, nous avons étudié la sensibilité du courant aux distances entre nanoparticules. Les résultats obtenus sont représentés sur la figure 4.11. L'analyse de la courbe obtenue illustre clairement une forte dépendance du courant tunnel de la position du puits relais. En effet, le courant est maximum lorsque les épaisseurs de couches inter-particules sont identiques. Ceci montre l'intérêt de l'obtention des nanoparticules régulièrement espacées au sein de la matrice diélectrique.

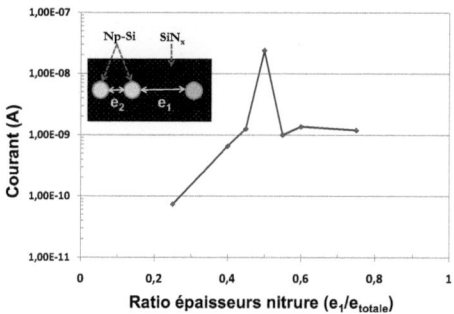

FIG. 4.11 – Influence du décentrage d'une nanoparticule relais sur le courant tunnel. Le courant est maximum lorsque les épaisseurs de couches inter-particules sont identiques

4.2.3 La spectroscopie de photocourant

La spectroscopie de photocourant (PC) est un outil intéressant pour étudier les propriétés électroniques et électriques des matériaux semiconducteurs [115]. Elle permet de révéler les effets de confinement quantique dans les Np-Si à travers les mécanismes d'absorption de photons. Le principe de cette technique repose sur la génération de porteurs (électrons et trous) provoquée par l'absorption de photons d'énergie égale ou supérieure au gap du matériau étudié. Les "photo-porteurs" ainsi générés sont ensuite séparés en appliquant un champ électrique puis collectés vers les électrodes de contact. Le courant photogénéré est donc proportionnel au nombre de photons incidents.
L'équation de photocourant est donnée par :

$$I_{ph} \propto \frac{I_0}{\hbar\omega}[(1 - exp(-\alpha d)) - \frac{\alpha L(1 - exp(-d(\alpha + 1/L)))}{(1 + \tau_{sr}/\tau_b)(1 + \alpha L)}] \qquad (4.9)$$

La figure 4.12 présente schématiquement le banc de mesures de photocourant. Les longueurs d'onde constituant le faisceau lumineux issu d'une lampe de tungstène sont d'abord sélectionnées grâce à un monochromateur (Jobin Yvon HR640). Pour chaque énergie de photons, le faisceau est focalisé sur l'échantillon à l'aide d'une lentille et le courant photogénéré (photocourant) est détecté et amplifié grâce à un amplificateur de courant (Keithley 428) dont le signal est relié à la détection synchrone afin d'améliorer le rapport signal/bruit.

Pour les mesures de photocourant (PC), deux configurations possibles peuvent être utilisées. Dans la première configuration, dite de transport vertical, l'illumination se fait à travers une grille de contact semi-transparente et les porteurs photogénérés sont collectés entre la grille et le substrat. Dans ce cas, le courant passe perpendiculairement à travers le substrat. Cependant, il a été constaté que, même en utilisant des substrats fortement dopés, les mesures faites sous cette configuration montrent de fortes limitations notamment

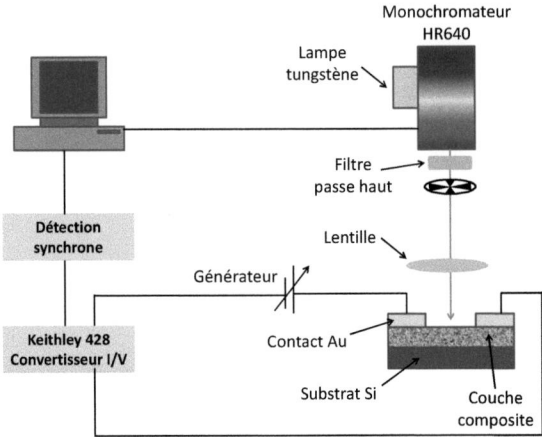

FIG. 4.12 – Schéma du dispositif utilisé pour les mesures de photocourant. Le Keithley 428 permet le réglage de la tension de polarisation appliquée à l'échantillon

en ce qui concerne sa faible sensibilité pour détecter le photocourant issu de la couche nanostructurée puisque le spectre obtenu est dominé par le signal du substrat. Dans la deuxième configuration, l'éclairage et la collection du courant photogénéré se fait entre deux grilles adjacentes et le courant passe parallèlement au substrat. Cette configuration est dite de transport latéral (ou coplanaire). Nous avons donc opté pour un schéma de transport latéral afin de nous affranchir de la contribution du substrat et d'augmenter ainsi les chances de pouvoir mesurer le courant photogénéré au sein de la couche composite. Les structures étudiées sont réalisées en déposant par évaporation des électrodes métalliques de 40 nm d'épaisseur sur la couche de nitrure de silicium. Les électrodes en or (Au) ont une forme circulaire et sont distantes de un millimètre. Cette configuration, très simple à mettre en oeuvre, a été déjà utilisée pour étudier la conductivité d'autres structures formées de nanoparticules de silicium [116] ou de germanium [117].

4.2.4 Mesure du courant photogénéré dans les couches composites de nitrure de silicium

Une étude par spectroscopie de photocourant (PC) a été réalisée sur des films composites. La figure 4.13 illustre les spectres de PC de l'échantillon préparé avec un rapport R égale à 4 en fonction de la tension de polarisation. L'analyse de ces spectres montre que le signal de PC obtenu sans tension appliquée est très faible avec un seuil d'absorption situé à 1.05 eV ainsi qu'un maximum de PC à 1.2 eV. Le fait d'observer un signal sans avoir appliqué une tension de polarisation dans une telle structure peut être expliqué par l'existence d'une certaine disymétrie au sein de la couche SiN_x. Notons que dans le cas d'une configuration de transport latéral, le chemin que doit parcourir les porteurs de charge pour atteindre les électrodes est important ce qui explique le faible signal de PC.

Ce signal peut être associé à un courant de diffusion [118]. Bien que nous ayons utilisé une configuration latérale, l'absorption du substrat est toujours visible sur nos spectres. En effet, le seuil d'absorption à 1.05 eV a été observé dans des structures similaires [119, 117] et est généralement attribué à l'absorption liée au gap du silicium cristallin. Signalons que la couche SiN$_x$ a une épaisseur faible ($\approx$ 80 nm). Par conséquent, le courant créé dans le substrat peut facilement circuler à travers cette couche et être collecté par les électrodes de contact.

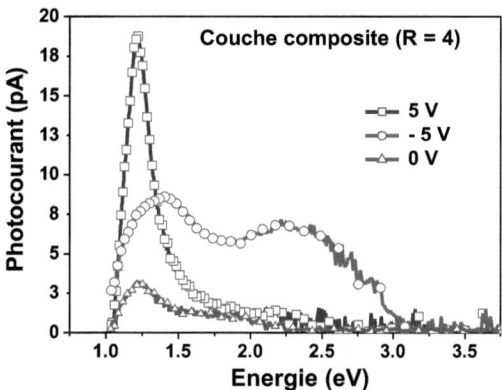

FIG. 4.13 – Spectres de photocourant d'une couche composite de nitrure de silicium (R = 4) en fonction de la tension de polarisation

Le signal de photocourant devient beaucoup plus important en polarisant la structure avec une tension de polarisation de 5 V. En effet, le champ électrique externe favorise la génération et le transport des photoporteurs libres ce qui conduit à une augmentation de la conductivité. La contribution de la couche composite est quasiment nulle et le courant photogénéré est principalement dû à l'absorption dans le substrat de silicium. Lorsque la structure est polarisée en inverse, i.e. différence de potentiel négative entre les deux contacts, nous constatons l'apparition d'un deuxième pic à 2.2 eV avec un seuil d'absorption vers 1.86 eV.

Pour identifier ce seuil d'absorption, nous avons tracé sur la figure 4.14 les spectres de photoluminescence et de photocourant à - 5 V de l'échantillon "R = 4". Le premier pic de PL situé à 1.85 eV est attribué aux recombinaisons radiatives dans les Np-Si de taille 4.1 nm [72]. Il correspond au seuil d'absorption à 1.86 eV observé sur le spectre de PC. Le second pic de PL observé à environ 2.5 eV est associé aux liaisons pendantes de silicium (Si^0) [120].

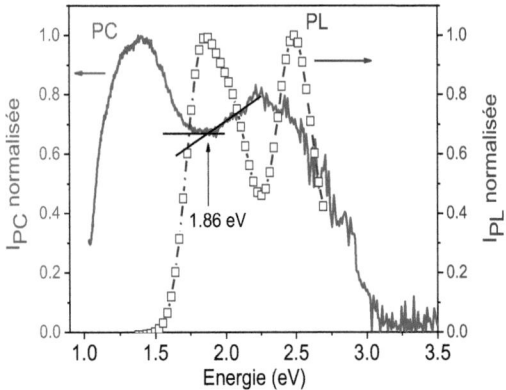

FIG. 4.14 – Corrélation entre les spectres de photoluminescence sous excitation UV (244 nm) et de photocourant obtenu à - 5 V de l'échantillon "R = 4"

4.2.5 Mesures de conduction et du photocourant des structures en multicouches d'oxyde de silicium

Une étude des propriétés électriques des structures multicouches $SiO_2/SES/SiO_2$ préparées au laboratoire CIMAP (ENSICAEN) a été également effectuée. Ces multicouches ont été préparées par pulvérisation magnétron en faisant varier l'épaisseur de la couche SES et le nombre de bicouches et en gardant l'épaisseur de la couche barrière SiO_2 constante et égale à 1.5 nm. L'épaisseur totale du film est maintenue constante et égale à ≈ 30 nm. Les caractéristiques des échantillons étudiés sont récapitulées dans le tableau 4.1.

Echantillon	Epaisseur SES (nm)	Epaisseur SiO_2 (nm)	Nbre de bicouches
A681a	8	1.5	3
A682a	1.5	1.5	11
A683a	3	1.5	7
A684a	6	1.5	5

TAB. 4.1 – Caractéristiques des multicouches déposées par pulvérisation magnétron. Les multicouches sont préparées au laboratoire CIMAP (ENSICAEN)

Des contacts ohmiques en aluminium (Al) ont été employés pour l'analyse électrique de ces échantillons (Fig. 4.15). Le but de ces mesures consiste à vérifier la conduction et la photoconduction coplanaire des multicouches. Les contacts ont été soumis à un traitement thermique de 500°C pendant 15 heures dans une atmosphère d'azote pour en assurer l'ohmicité. Des mesures de conduction ont été tout d'abord réalisées au labora-

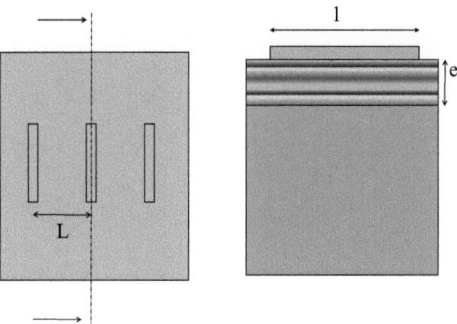

FIG. 4.15 – Schéma illustrant les structures utilisées pour les mesures de conduction et de photocourant. Les films sont déposés sur un substrat de silicium

toire IM2NP (Marseille). Ces mesures sont faites entre les contacts séparés d'une longueur kL, avec k = 1, 2, 3 et 4 et L = 2 mm. Ainsi, par exemple pour k = 1, nous supposons dans ce qui suit que la résistance coplanaire R est donnée par la relation :

$$R = \rho \frac{L}{S} \qquad (4.10)$$

avec S = l x e (e étant l'épaisseur du film). Pour les mesures sous éclairement, le faisceau incident couvre la plage spectrale 300 - 600 nm. Les résultats obtenus sont représentés sur la figure 4.16. Ces mesures montrent qu'il existe une conduction coplanaire pour les quatre échantillons. De plus, si nous considérons la relation liant la valeur de la résistivité et la distance L entre contact (équation 4.10), nous pouvons remarquer que l'évolution R = f(L) s'écarte faiblement de cette relation de proportionnalité. Cet écart peut s'expliquer par le fait que le substrat n'est pas isolé des multicouches et les lignes de courants peuvent s'y propager. Nous observons également un faible effet photoconductif significatif uniquement pour l'échantillon A683a pour lequel la distribution des diamètres des Np-Si est centrée autour de l'épaisseur de la couche SES, soit 3 nm. Les valeurs déduites des résistivités pour ces échantillons sont faibles (ρ = 0.001 Ω.cm).

Des mesures de photocourant ont été également effectuées sur les mêmes structures entre deux contacts voisins distants de 2 mm. La figure 4.17 montre les spectres de PC normalisés des multicouches pour une tension de polarisation de - 2 V. L'analyse de ces spectres nous permet de remarquer l'existence d'un seuil d'absorption à 1.1 eV ainsi qu'un maximum de PC à 1.42 eV pour les échantillons A681a et A684a qui contiennent des Np-Si ayant les plus grandes tailles. Le seuil d'absorption est attribué au courant généré dans le substrat de silicium. En effet, la diffusion du dépôt d'Al dans le film suite au recuit des contacts conduit au transport des photoporteurs créés dans le substrat jusqu'aux électrodes. Pour les échantillons A682a et A683a, les Np-Si ont une taille plus faible et le maximum de PC est ainsi déplacé vers les grandes énergies. Ce déplacement est

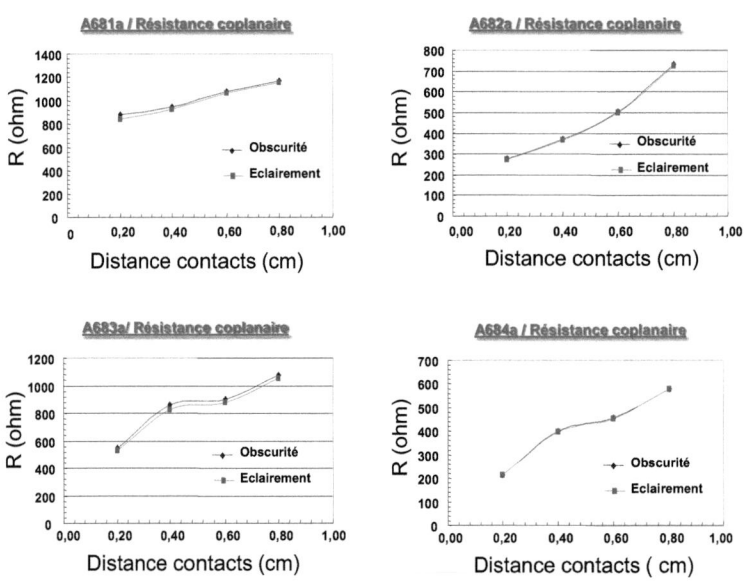

FIG. 4.16 – Variation de la résistivité en fonction de la distance entre les contacts sous obscurité et sous éclairement. Les mesures sont réalisées au laboratoire IM2NP (Marseille)

accompagné par un décalage du seuil d'absorption associé à un effet de taille dans les nanoparticules de silicium.

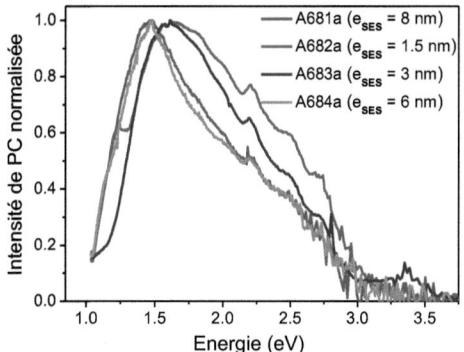

FIG. 4.17 – Spectres de photocourant normalisés des multicouches $SiO_2/SES/SiO_2$ pour une tension de polarisation de - 2 V. Le seuil d'absorption se décale en fonction de l'épaisseur de la couche SES, i.e. la taille des nanoparticules

Ces observations permettent d'attribuer le photocourant mesuré dans ces structures multicouches à la génération et le transport des charges photocréées dans les couches contenant les Np-Si. En tenant compte des résultats de PL de l'échantillon A683a (Fig.4.18), le maximum de PC à 1.6 eV serait très probablement lié à l'absorption par les nanoparticules de silicium présentes dans les couches SES. L'analyse du comportement de PC

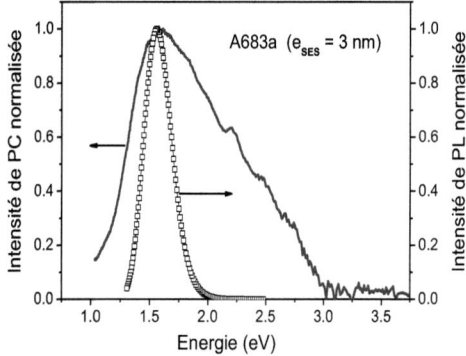

FIG. 4.18 – Spectres de photocourant et de photoluminescence de l'échantillon A683a mesurés à température ambiante

en fonction de la tension de polarisation montre une dépendance de l'intensité de PC en fonction de la tension appliquée (Fig. 4.19). Par ailleurs, aucun décalage des maxima de photocourant n'a été observé. En augmentant la tension de polarisation, l'intensité de PC augmente pour les différentes multicouches. Ceci indique que les mécanismes de conduction dans ces structures ne peuvent pas être expliqués seulement par un transport tunnel direct entre les nanoparticules de silicium et que d'autres mécanismes (conduction assistée par piège) contribuent au photocourant. Pour l'échantillon A682A, un pic à 1.2 eV avec un seuil d'absorption à 1.1 eV, correspondant au gap fondamental du silicium cristallin, apparaît lorsque la tension aux bornes des deux électrodes augmente. En effet, pour les grandes longueurs d'onde ($h\nu < 1.3$ eV) pour lesquelles les nanoparticules de silicium sont transparentes, les photons incidents sont absorbés par le substrat de silicium [121].

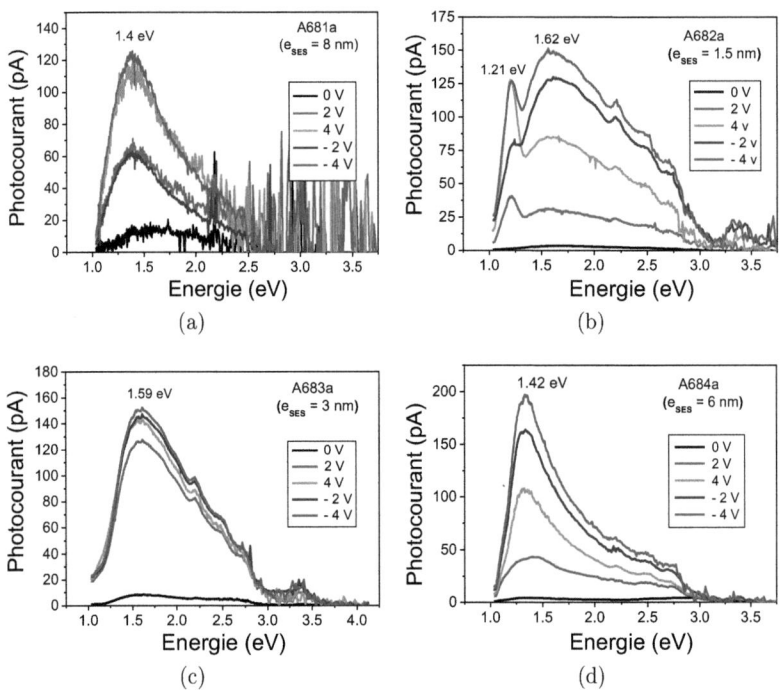

FIG. 4.19 – Evolution de l'intensité de photocourant de différentes multicouches $SiO_2/SES/SiO_2$ en fonction de la tension de polarisation

4.2.6 Propriétés de photocourant des super-réseaux préparés à partir d'un plasma poudreux

Nous avons effectué des mesures de photocourant sur les super-réseaux préparés par PECVD dans les conditions du plasma poudreux (section 3.3 du chapitre III). La figure

4.20 présente les spectres de photocourant normalisés obtenus pour deux super-réseaux déposés à différents temps de décharge du plasma (temps t_{on}). Rappelons que le temps t_{on} définit la taille des nanoparticules déposées. Plus le temps t_{on} est important plus la taille des Np-Si est grande. Dans le cas des nanoparticules de grande taille (t_{on} = 30 ms), le seuil d'absorption est situé à 1.21 eV proche de celui du silicium cristallin. Ce seuil se décale vers les grandes énergies lorsque la taille des Np-Si diminue. Ainsi, pour le super-réseau préparé avec un temps t_{on} de 8 ms, le spectre de PC présente un seuil à 1.56 eV ce qui confirme que le courant mesuré provient majoritairement des porteurs photogénérés dans les couches nanostructurées.

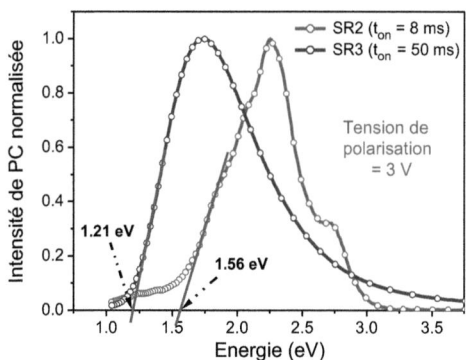

FIG. 4.20 – Spectres de photocourant des échantillons SR2 et SR3 pour une tension de polarisation de 3 V. Nous observons un décalage du seuil d'absorption en fonction de la taille des nanoparticules

La figure 4.21 illustre la variation de l'intensité de PC en fonction de la tension appliquée pour deux super-réseaux SR2 et SR3. Nous observons un comportement différent de l'intensité de PC selon le signe de polarisation. Ainsi, l'intensité est plus importante pour des tensions de polarisation négatives et diminue dans le cas inverse. Ce résultat nous laisse présumer que le transport par effet tunnel direct ne peut pas être considéré comme le seul mécanisme reponsable de la photoconduction dans ces structures. D'autres mécanismes, telque le transport assisté par pièges, peuvent donc jouer un rôle important dans la conduction. Des analyses complémentaires restent à faire afin de clarifier les différents processus de transport dans de telles structures.

4.3 Analyse quantitative de photocourant

L'utilisation de la spectroscopie de photocourant nous a permis de mettre en évidence un effet photoélectrique dans différents systèmes à nanoparticules de silicium. Il est également intéressant de quantifier le courant photogénéré dans ces structures, à partir des mesures de photocourant, afin d'évaluer et comparer leur performance électrique. Ceci revient à déterminer quantitativement l'équivalent de la réponse spectrale des structures

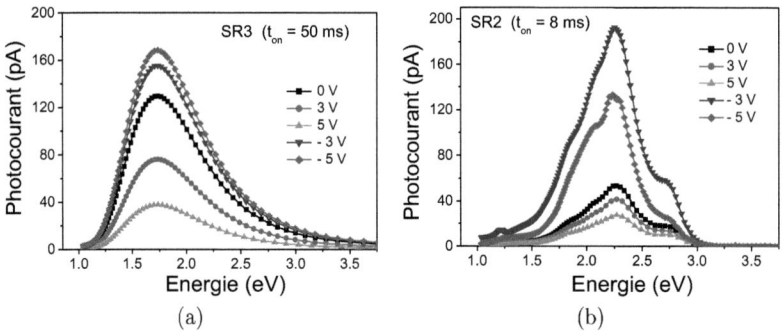

FIG. 4.21 – Evolution de l'intensité de photocourant des multicouches SR2 et SR3 en fonction de la tension de polarisation

étudiées qui correspond au rapport du nombre de charges collectées aux électrodes sur le nombre des photons incidents, pour chaque longueur d'onde analysée.

Sur le banc de mesure (Fig.4.12), nous utilisons un photodétecteur pyroélectrique qui est monté à la place de l'échantillon à caractériser. Ce détecteur est utilisé comme référence pour une mesure étalonée de l'intensité du faisceau lumineux incident provenant de la source spectrale. La mesure quantitative du courant photogénéré doit faire intervenir la fonction de transfert de l'ensemble expérimental. Cette fonction d'appareillage doit tenir compte en outre du monochromateur, des miroirs et de la lentille de focalisation.

Le courant photo-induit est proportionnel au flux lumineux (ou flux photonique) incident Φ. Ce dernier est donné par la relation :

$$\Phi = F_e/(h.\nu) = F_e.\lambda/(h.c) \tag{4.11}$$

où c est la vitesse de la lumière dans le vide (c = 2.998 10^{10} cm/s) et F_e (en W) est le flux énergétique provenant de la source de lumière. Nous obtenons donc un flux Φ de 1.18 10^{14} photons/s.cm² pour un F_e de 1.602 10^{12} eV/s.
Le courant photo-induit dans la couche à étudier peut être déterminé en tenant compte du calibre sur la détection synchrone et du gain courant/tension utilisés. Ainsi, si nous considérons par exemple un calibre de 10 mV et un gain de 10^8 V/A, nous obtenons un courant de 100 pA. Si en plus nous tenons compte de la taille du faisceau de 0.3 mm², le courant obtenu par unité de surface est de l'ordre de 3.33 10^4 pA/cm².

Pour déterminer la densité de courant photogénéré sous illumination équivalente à celle d'un soleil dans les conditions AM1.5, le flux solaire sur une tranche de longueur d'onde (largeur spectrale normalisée) doit être pris en compte. Un faisceau incident d'énergie centrée autour de 1.2 eV et de largeur spectrale 1 eV est donc composé d'un flux de 3.2 10^{17} photons/s.cm². Le tableau 4.2 résume les valeurs de la densité de courant mesurées pour les différentes structures.

Structure	Echantillon	$I_{Ph_{Solaire}}$ AM1.5 (μA/cm^2)
Couches composites SiN$_x$	R8	90
	R9	71
	R10	33
	R11	24
Multicouches SiO$_2$/SES/SiO$_2$	A681a	10^3
	A682a	2×10^3
	A683a	10^3
	A684a	10^3
Super-réseaux Si$_3$N$_4$/Np-Si/Si$_3$N$_4$	SR1	2×10^3
	SR2	2×10^3
	SR3	3×10^3

TAB. 4.2 – Valeurs de la densité de courant photogénéré sous illumination équivalente à celle d'un soleil dans les conditions AM1.5 pour différents systèmes à nanoparticules de silicium.

Sachant que les distances interparticules de silicium estimées par analyse TEM, dans le cas des couches composites de nitrure de silicium, sont de l'ordre de 5 à 7 nm, un calcul basé sur un mécanisme tunnel direct nous permet d'estimer une densité de courant de 2 mA/cm^2 pour une distance interparticules réduite à 1 nm. Les résultats des analyses quantitatives montrent encore une fois l'intérêt des super-réseaux préparés dans les conditions du "plasma poudreux". En effet, la forte densité des Np-Si, et donc la faible distance inter-particules, permet un passage plus facile des porteurs de charges et par conséquent un courant plus important dans ces structures.

4.4 Conclusion du chapitre

Des mesures d'absorption optique ont été développées afin de déterminer l'efficacité d'absorption des couches à nanoparticules de silicium particulièrement pour les photons de haute énergie. Une extraction raisonnable du coefficient d'absorption des nanoparticules contenues dans des matrices SiN$_x$ a été obtenue. Une comparaison avec le coefficient d'absorption du silicium massif est fournie. Le coefficient d'absorption des nanoparticules de silicium dans la couche de nitrure trouvé est plus faible que celui de silicium monocristallin (autour de 10^6 cm^{-1} pour 4 eV dans le silicium massif). Pour augmenter l'absorbance, les couches à nanoparticules doivent donc être plus épaisses. Les résultats sur les multicouches SiO$_2$/SES/SiO$_2$ montrent des niveaux d'absorption importants dans la fenêtre haute énergie du spectre solaire. En effet, les études réalisées montrent un accroissement important de l'absorption optique lorsqu'on réduit la taille des nanoparticules. Ce résultat représente un point fort de ce type de matériaux ce qui augure d'un intérêt certain l'approche multicouches pour ce point précis.

Les outils de simulation quantique ont permis de calculer le courant tunnel à travers une barrière diélectrique, entre une nanoparticule et un substrat de silicium. Ce courant est évalué en supposant que la quantité de charges disponibles à tout instant dans une nanoparticule est connue. Dans un premier temps, les courants maximum (par effet tunnel direct, pour les électrons et pour les trous) pouvant être générés entre une particule isolée et deux contacts, à travers des couches de Si_3N_4 de différentes épaisseurs, ont été déterminés. Ces courants dépendent dans une moindre mesure de la taille et de l'état de charge des particules. Les simulations sont effectuées avec des particules de diamètre d'environ 4 nm pour avoir un gap de 1.7 eV. Nous avons également pu déduire le nombre maximum de paires électrons-trous par unité de temps pouvant être ainsi extraites de chaque particule en régime permanent (hypothèses : pas d'accumulation de charge dans les particules et absence de toute autre recombinaison des paires électron-trou).

En utilisant la spectroscopie de photocourant, nous avons mis en évidence le rôle joué par la présence des nanoparticules de silicium sur le transport de charges des structures étudiées. Ainsi, un effet photoélectrique à pu être détecté et la densité du courant photoinduit a été déterminée sous illumination équivalente à celle d'un soleil dans les conditions AM1.5. Nous avons montré qu'un courant de deux milliampères peut être obtenu pour des distances interparticules réduites à 1 nm. L'approche super-réseaux constitués de nanoparticules formées dans les conditions du plasma poudreux semble donc être très prometteuse pour les applications en cellules PV de troisième génération.

Chapitre 5

Ingénierie du dopage dans les couches nanocomposites

Sommaire

5.1	**Dopage des nanoparticules de silicium**	**104**
5.2	**Etude du dopage des couches composites de SiN_x**	**105**
	5.2.1 Analyse physico-chimique des couches dopées	105
	5.2.2 Effet du dopage sur les propriétés de luminescence	108
5.3	**Dopage des couches composites de SiO_2**	**111**
5.4	**Effet du recuit thermique**	**112**
5.5	**Conclusion du chapitre**	**114**

Une partie de ce travail de thèse a été dédiée à l'étude du dopage des nanoparticules de silicium préparées par différentes techniques. En effet, pour l'application en cellule tandem, il est nécessaire de maîtriser le dopage des Np-Si afin de réaliser une jonction P-N. Ceci passe par la compréhension et l'étude de l'effet de dopage sur les propriétés physiques de ces nano-objets.

Dans un premier temps, une revue sur le dopage de Np-Si issue de la littérature sera présentée. Dans la deuxième partie, nous présentons les propriétés physico-chimiques et optiques des couches de nitrure de silicium renfermant des grains de silicium dopé P à partir du triméthylborate (TMB). Cela consiste à vérifier par spectroscopie d'absorption infrarouge et par spectrométrie de masse des ions secondaires (SIMS) la présence de l'élément dopant dans les couches nanostructurées afin de valider le processus de dopage. D'autre part, les mesures de photoluminescence nous permetterons d'étudier l'effet du dopage sur les propriétés d'émission des nanograins de silicium. Nous détaillerons par la suite les résultats de caractérisation obtenus sur des nanoparticules de silicium insérées dans une matrice sol-gel déposée par spin coating. Ainsi, l'effet des deux types de dopage, P et N, sur les propriétés de luminescence des structures Np-Si/matrice non recuites et recuites à différentes températures sera présenté.

5.1 Dopage des nanoparticules de silicium

Le dopage des semiconducteurs constitue une étape clef dans la fabrication des composants. Un champ de recherche important s'ouvre donc sur le dopage des nanostructures (nanoparticules, nanofils ...) de silicium pour son intérêt sur le plan fondamental et sur celui des applications [122, 123, 124]. En effet, le dopage des nanoparticules de silicium est un paramètre essentiel permettant de gouverner leurs propriétés optiques et de transport. Alors que dans les grains d'une centaine de nanomètres de diamètre les impuretés servant au dopage se comportent comme dans le matériau massif, les confinements quantique et diélectrique influent fortement sur leur structure électronique pour des dimensions de l'ordre de la dizaine de nanomètres ou en dessous [125, 126].
Différentes méthodes sont utilisées pour le dopage des Np-Si telles que l'implantation ionique [127] et la co-pulvérisation de Si, SiO_2 et $B_2O_3(P_2O_5)$ suivi d'un recuit thermique [128]. Le dopage peut aussi être réalisé *in-situ* pendant un dépôt CVD, en utilisant le TMB[1] ($B(CH_3O)_3$) comme précurseur du dopant. L'avantage du TMB par rapport aux autres sources de dopants, telles que le diborane (B_2H_6) ou le trichlorure de bore (BCl_3), est qu'il est moins toxique. En plus, sa haute stabilité thermique comparée à celle du diborane permet une meilleure conservation ainsi qu'une réduction de la contamination dans la chambre du réacteur.

De nombreuses études ont été menées ces dernières années sur la compréhension des propriétés physiques des nanoparticules de silicium dopées. Différents groupes de recherche ont montré que le dopage des Np-Si permet de contrôler leurs propriétés optiques et électriques. Pi et al. [129] ont observé une diminution de l'intensité de photoluminescence des Np-Si dopées au bore par rapport à celle des Np-Si non-dopées. Ils ont conclut que les niveaux d'impuretés jouent un rôle important dans les mécanismes d'émission de la lumière. Mimura et al. [130] ont étudié l'effet du dopage avec le phosphore sur les propriétés de luminescence des Np-Si noyées dans une matrice de SiO_2. Ils ont montré que le rendement de PL augmente pour des faibles concentrations de dopant puis diminue pour des concentrations supérieures à 0.6 mol %. L'augmentation de l'intensité de PL avec la concentration en phosphore a été attribuée à la passivation, par les atomes dopants, des liaisons pendantes à l'interface Np-Si/matrice environnante. Pour les fortes concentrations en phosphore, les auteurs suggèrent que la diminution de l'intensité de PL est due à un effet Auger. Plus récemment, Hao et al. [94] ont mesuré la photoluminescence des Np-Si insérées dans une matrice d'oxyde en fonction de la concentration en bore introduit lors du dépôt de la couche SiO_x par pulvérisation magnétron. Ils ont observé une chute de l'intensité de luminescence losque la concentration en bore augmente. Ceci a été expliqué par le fait que la différence de taille entre l'atome de silicium et celui de bore induit une contrainte à l'interface Np-Si/matrice SiO_x, ce qui conduit à l'apparition des défauts qui jouent le rôle de centres de recombinaisons non-radiatifs.

En effet, des calculs théoriques ont montré que, pour des structures de faibles dimensions, l'occupation d'un site proche de la surface de la nanoparticule par l'atome d'impureté est plus favorable énergétiquement [131, 132, 133]. Cette étude confirme les calculs de Erwin

---
[1] le triméthylborate est une source organique liquide introduite en microélectronique à partir des années 1970. Le TMB possède une haute stabilité thermique.

et al. [134] qui montrent que l'augmentation du rapport surface/volume pour des Np-Si de petites tailles favorise la diffusion des atomes dopants en dehors de la nanoparticule. Les dopants classiquement utilisés sont le bore pour le dopage p et le phosphore pour le dopage n. Ces résultats montrent que le dopage des structures de faibles dimensions est encore sujet à débat et bien des efforts sont encore consentis afin de comprendre et de maîtriser l'ingénierie de dopage des nanoparticules de silicium. Dans les sections suivantes, nous présentons les résultats de caractérisation que nous avons obtenus sur différentes structures à Np-Si dopées.

5.2 Etude du dopage des couches composites de SiN_x

Des couches SiN_x riche en silicium ont été préparées à l'INL par la technique PECVD. Le dépôt a été effectué à une températaure de 370 °C et une pression de 4500 mTorr. La puissance nominale délivrée par le générateur d'une manière pulsée est de 2500 W. Les éléments présents dans le plasma sont ionisés pendant un temps t_{on} de 3 ms, puis réagissent entre eux avant de se déposer sur la surface du substrat pendant un temps t_{off} de 50 ms. Le silane (SiH_4) et l'ammoniac (NH_3) ont été employés comme gaz précurseurs pour le dépôt de la couche SiN_x. Un troisième gaz, le TMB, a été introduit dans l'enceinte du réacteur pour le dopage de la couche composite. Les films de nitrure de silicium sont déposés sur un substrat de silicium couvert d'une couche d'oxyde thermique (175 nm) pendant 5 minutes afin d'avoir une épaisseur du film d'environ 100 nm. Les films ont été élaborés en faisant varier le débit du gaz dopant. Le tableau 5.1 récapitule les caractéristiques de ces échantillons.

Echantillon	Flux de TMB (sccm)	Epaisseur de SiN_x (nm)
E495	1000	97.5
E496	800	96
E497	600	97

TAB. 5.1 – Caractéristiques des couches SiN_x préparées par PECVD avec différents flux du gaz dopant. L'épaisseur de la couche est mesurée par ellipsométrie spectroscopique

5.2.1 Analyse physico-chimique des couches dopées

Les échantillons ont été tout d'abord caractérisés par spectrométrie SIMS. Cette technique d'analyse de surface consiste à bombarder la surface de l'échantillon à analyser avec un faisceau d'ions. L'échantillon est alors pulvérisé, et une partie de la matière pulvérisée est ionisée. Ce sont ces particules chargées, appelées ions secondaires, qui sont filtrées en masse à l'aide d'un champ magnétique. Les ions secondaires sont ensuite accélérés vers un spectromètre de masse qui permettra de mesurer la composition élémentaire ou isotopique de la surface de l'échantillon. Du fait de la pulvérisation de la surface de l'échantillon, la technique permet la reconstitution du "profil en profondeur" jusqu'à une profondeur de dix microns. Lorsque le faisceau primaire a une énergie d'impact inférieure à 500 eV, la résolution en profondeur est de l'ordre du nanomètre. Pour plus de détails sur la théorie et le fonctionnement du SIMS, le lecteur peut se référer aux travaux des références suivantes [135, 136].

Pour nos mesures, le faisceau d'ions primaires utilisé est un faisceau d'oxygène et le contrôle de la profondeur des cratères est effectuée par un profilomètre optique. Les niveaux de vide atteints dans la chambre diffèrent en fonction du faisceau utilisé et sont de 10^{-6} Torr pour l'oxygène et 10^{-9} à 10^{-10} Torr pour le césium.

La figure 5.1 montre les résultats des analyses SIMS des trois échantillons préparés avec

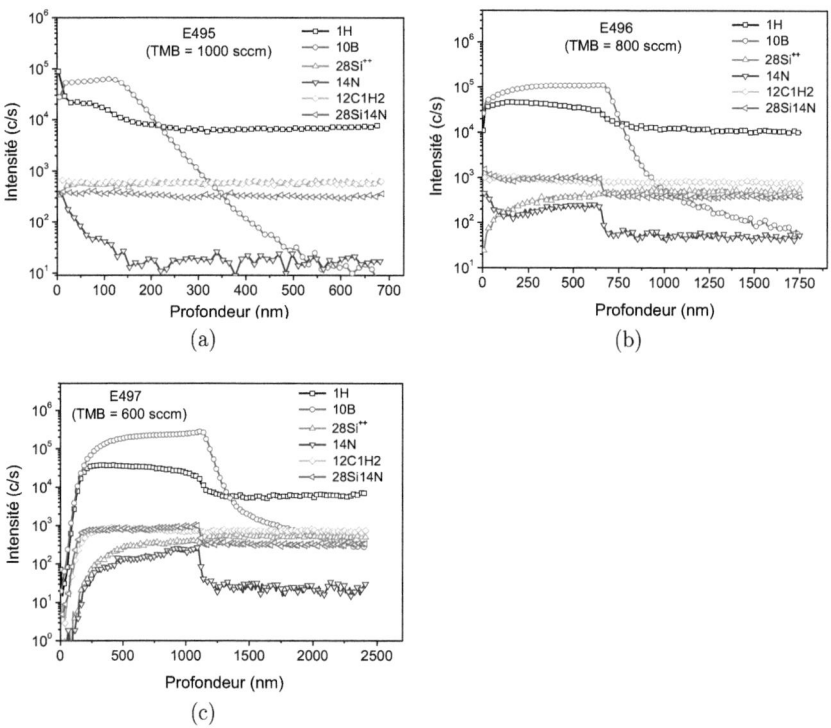

FIG. 5.1 – Profils SIMS de concentration de différents élements présents dans la couche SiN_x non recuite pour un débit de TMB de : (a) 1000 sccm, (b) 800 sccm et (c) 600 sccm

différents débits du gaz dopant. Un profil en profondeur des éléments hydrogène, bore, azote, silicium et oxygène a été obtenu. Les intensités des ions négatifs correspondant à ces éléments ont été enregistrées jusqu'à ce que le substrat soit atteint. Tout d'abord, les résultats confirment la présence d'un fort taux d'hydrogène dans la couche. Même si des informations exactes sur la concentration de cet élément au sein de la couche SiN_x ne peuvent être obtenues facilement, ces analyses montrent que la quantité d'hydrogène est très importante. Ceci est en bon accord avec les résultats reportés dans la littérature indiquant des concentrations d'hydrogène de l'ordre de 10^{22} at.cm^{-3} dans des couches préparées par PECVD, ce qui correspond à un pourcentage atomique de 20 à 30 %. D'autre part, la constance du signal "28Si14N", caractéristique du nitrure de silicium, donne une indication supplémentaire de la bonne homogénéité des différentes couches. Les profils de concentration montrent aussi que les couches de nitrure de silicium contiennent une grande quantité de bore. Bien que l'intensité du signal 10B soit relativement élevée, aucune conclusion ne peut être tirée sur la quantité de bore présent dans les films. En effet, à cause du manque d'échantillons références, les mesures SIMS présentées içi ne nous ont pas permis d'évaluer quantitativement la proportion de bore dans les couches SiN$_x$.

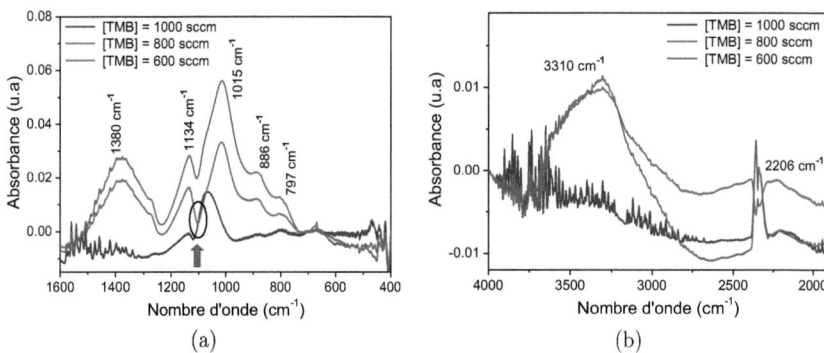

FIG. 5.2 – Spectres d'absorption dans l'infrarouge des couches composites de SiN$_x$ non recuites dopées au bore pour différents débits du gaz dopant TMB

La présence du bore dans les couches SiN$_x$ a été vérifiée par des mesures d'absorption dans l'infrarouge effectuées dans la gamme 400 - 4000 cm^{-1}. Afin d'avoir une meilleure lisibilité de différentes bandes d'absorption, nous avons divisé les spectres en deux parties représentées sur la figures 5.2. Dans la gamme 400 - 1600 cm^{-1} (Fig. 5.2.(a)), nous pouvons distinguer plusieurs bandes d'absorption caractéristiques des couches déposées. Notons tout d'abord que le pic orienté vers le bas et situé autour de 1106 cm^{-1} est dû à l'oxygène interstitiel (O_i). En effet, la quantité de O_i dans le substrat de silicium est supérieure à celle qui existe dans les couches. Par conséquence, la soustraction de la contribution du substrat entraine l'apparition d'un pic vers le bas associé à O_i. Ainsi, le pic situé à 1134 cm^{-1} est un artéfact dû à la soustraction et n'a donc pas de réalité physique. La bande d'absorption à 797 cm^{-1} ainsi que l'épaulement observé à environ 1082 cm^{-1} sont respectivement attribués aux modes "élongation symétrique" et "élongation assymétrique" de la liaison Si-O dans la couche SiO$_2$ [137]. Nous pouvons également noter la présence d'une bande d'absorption située à 1380 cm^{-1} associée au mode "élongation" de la liaison B-O [138]. Enfin, la bande à 886 cm^{-1} peut être attribuée à la liaison (Si-N)-O ou (Si-O)-N. L'analyse des spectres de la figure 5.2.(b) permet d'identifier deux bandes d'absorption situées à 2206 et 3310 cm^{-1} associées respectivement aux liaisons Si-H et N-H.

Il est évident donc, à la vue des résultats obtenus par SIMS et par spectroscopie FTIR, que les couches de nitrure de silicium contiennent une quantité importante de bore et que les atomes dopants occupent, à priori, des sites dans la matrice ou à l'interface entre les Np-Si et la matrice et ne diffusent donc pas dans les nanoparticules de silicium.

5.2.2 Effet du dopage sur les propriétés de luminescence

Après avoir analysé les propriétés physico-chimiques des couches composites, nous nous intéressons dans cette partie aux propriétés de luminescence de ces couches sous l'effet du dopage au bore. Les spectres de PL obtenus pour les différents échantillons à température ambiante sont représentés sur la figure 5.3. Ces spectres montrent un pic de PL situé à la même énergie (2.35 eV) pour les trois échantillons.

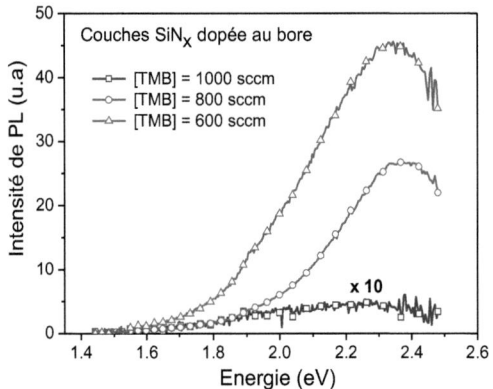

FIG. 5.3 – Spectres de photoluminescence des couches composites de SiN_x non recuites dopées au bore pour différents débits du gaz dopant TMB. Le rapport R des flux des gaz précurseurs est égale à 4

L'origine de ce pic est attribuée aux nanograins de silicium éventuellement présents dans la couche. En effet, ces échantillons ont été élaborés en utilisant les conditions de croissance optimales déterminées à partir des études de la luminescence effectuées dans ce travail et dont les résultats sont présentés dans la section 2.3 du chapitre II. L'utilisation de tels paramètres de dépôt devrait normalement permettre de former, *in-situ*, des grains de silicium avec une forte densité. Afin de vérifier la présence des grains de silicium, les échantillons ont été caractérisés par spectroscopie Raman. La figure 5.4 présente les spectres Raman des trois échantillons montrant une bande large qui s'étend de 300 à 500 cm^{-1}. Cette bande est caractéristique des agrégats de silicium amorphe [94]. Il est à noter que le pic centré autour de 520 cm^{-1} correspond au signal du substrat de silicium (pic LO au premier ordre). Ce résultat confirme donc la formation des nanoparticules amorphes au sein de la couche SiN_x et qui peuvent être responsables de la luminescence dans les couches nanostructurées. Etant donné que les valeurs de la pression et de la puissance utilisées pour le dépôt de ces couches sont très proches de celles d'un régime de poudres, nous pouvons donc supposer que les agrégats de silicium formés sont de petites tailles, ce qui doit correspondre à un pic d'émission situé vers les grandes énergies. Cette hypothèse est en accord avec ce que nous avons observé dans le chapitre II par étude de photoluminescence.

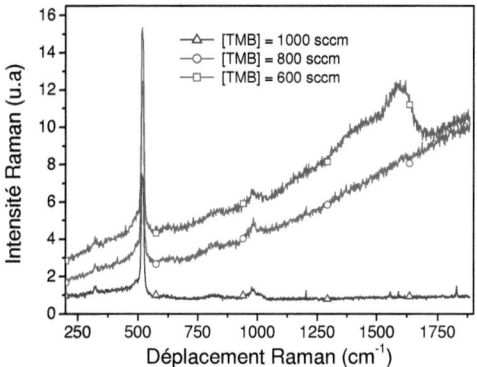

FIG. 5.4 – Spectres Raman des couches composites de SiN$_x$ dopées au bore pour différents débits du gaz dopant TMB

Nous pouvons également remarquer, à partir des spectres de la figure 5.3, que l'intensité de PL diminue lorsque le flux de TMB augmente. Le même résultat a été obtenu dans le cas des Np-Si insérés dans une matrice d'oxyde [139]. Les auteurs ont observé une diminution de l'intensité du pic de PL, situé autour de 930 nm, avec l'augmentation de la concentration en bore. Pour de fortes concentrations, le pic disparait complètement. Une explication possible de ce phénomène serait l'augmentation des défauts d'interface qui jouent le rôle de centres de recombinaisons non-radiatifs. En effet, la différence de taille entre l'atome de silicium et celui de bore induit une contrainte à l'interface Np-Si/matrice, ce qui peut conduire à l'apparition des défauts. Ces défauts non-radiatifs seraient donc responsables de la diminution de la PL. Une autre explication de ce résultat peut être liée à un effet Auger dans les Np-Si. Cette explication est valable dans le cas où les atomes d'impuretés dopent le volume de la nanoparticule. En se basant sur les résultats obtenus par spectroscopie FTIR, les recombinaisons non radiatives dues à l'effet Auger ne peuvent pas expliquer la diminution de l'intensité de PL observée pour nos échantillons. En conclusion, la luminescence dans nos échantillons peut être liée soit aux nanoparticules amorphes formées au sein de la couche, et dont la présence a été mise en évidence par spectroscopie Raman, soit à des défauts radiatifs dans la matrice SiN. Des informations complémentaires sont donc nécessaires pour l'attribution des pics de PL.

Un recuit thermique pendant 1 min à 850 °C a été réalisé dans un four RTA afin d'étudier l'évolution du dopant et son effet sur les propriétés des Np-Si. Ceci devrait nous permettre de mieux comprendre le rôle joué par les atomes dopants et de clarifier les mécanismes d'émission dans nos structures.

Les profils SIMS de concentration de l'élément bore pour la couche déposée et la même couche après recuit sont représentés sur la figure 5.5. D'après ces profils, la quantité de

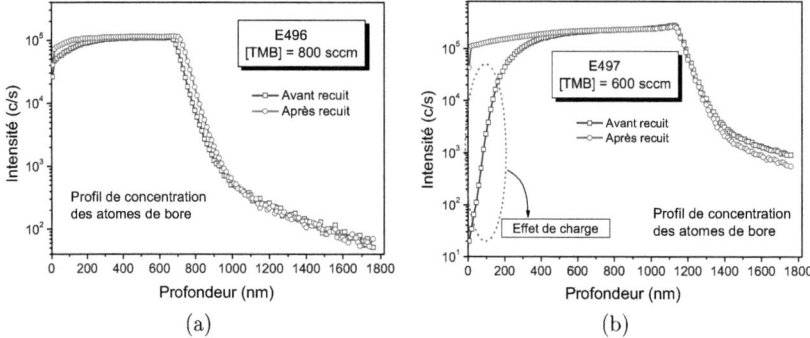

FIG. 5.5 – Profils SIMS de concentration des atomes de bore présents dans la couche SiN$_x$ avant et après recuit à 850 °C pour différents débits du gaz dopant : (a) 800 sccm et (b) 600 sccm

bore dans la couche SiN$_x$ n'est pas affectée par le recuit. Néanmoins, une diffusion des atomes dopants dans la couche SiO$_2$ ne peut pas être exclue.

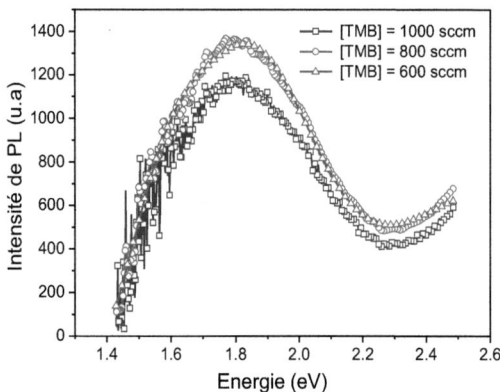

FIG. 5.6 – Spectres de PL des couches composites de SiN$_x$ dopées au bore et recuites à 850 °C pendant 1 minute

Afin d'étudier l'effet du recuit RTA sur les propriétés d'émission des couches composites, des mesures de photoluminescence ont été réalisées en utilisant la raie 458 nm d'un laser Ar$^+$. Les spectres de PL obtenus sont représentés sur la figure 5.6. Nous pouvons remarquer que le pic de PL des trois échantillons se décale vers les faibles énergies sous l'effet du recuit thermique. Ainsi, l'énergie d'émission passe de 2.35 eV pour les échantillons non recuits à 1.82 eV pour les échantillons recuits, soit un décalage de 0.53 eV. De plus, l'intensité de PL est beaucoup plus importante que celle des échantillons non recuits, ce qui nous laisse penser que la luminescence observée avant recuit est probablement due à des défauts dans le film de SiN. Pour les échantillons recuits, la passivation des liaisons pendantes sous l'effet du traitement thermique permettait de détecter la luminescence des nanoparticules déjà présentes dans la couche.

L'étude du dopage des structures constituées de Np-Si insérées dans une matrice de nitrure de silicium demanderait un travail complémentaire plus approfondi pour une meilleure compréhension de ce processus et ainsi avoir une maîtrise de l'ingénieie de dopage des nanostructures.

5.3 Dopage des couches composites de SiO_2

En collaboration avec le laboratoire SPAM (CEA - DRECAM), nous avons étudié d'autres échantillons à base de nanoparticules de silicium. Ces échantillons consistent en des dépôts de nanoparticules de silicium encapsulées dans une matrice de SiO_2. Les Np-Si sont dispersées dans l'éthanol puis la suspension est mélangée à un précurseur de silice afin de procéder à une réaction sol-gel. Après un certain temps de gélification, le mélange est déposé sur un substrat par spin-coating d'un sol mixte TEOS/Np-Si. les mesures d'ellipsométrie que nous avons réalisé sur ces échantillons donnent une épaisseur de la couche composite d'environ 350 nm avec un indice de réfraction proche de celui de la silice. Afin de procéder au dopage des Np-Si, un précurseur de dopant (acide phosphorique ou acide borique) est mélangé au sol-gel afin d'introduire les atomes dopants dans le réseau de silice. La diffusion des dopants est assurée par un recuit à haute température pendant 30 mn sous une atmosphère d'Ar pour éviter l'oxydation des Np-Si.

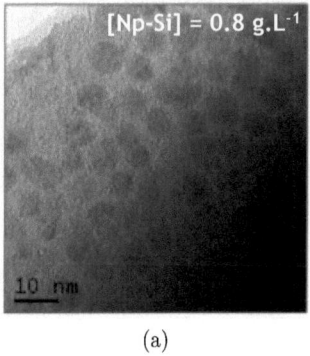
(a)

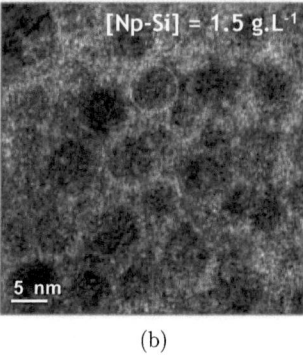
(b)

FIG. 5.7 – Images TEM en vue plane des couches composites avant recuit pour deux concentrations en nanoparticules de silicium. La distance moyenne entre deux nanoparticules passe de 1.1 nm pour une concentration de 0.8 g.L^{-1} à 0.8 nm pour une concentration de 1.5 g.L^{-1}

Les analyses en microscopie électronique à transmission effectuées sur des couches composites préparées avec deux concentrations en Np-Si (Fig. 5.7) montrent que l'augmentation de la densité de Np-Si dans la suspension se traduit par une diminution de la distance moyenne entre cristallites. Nous supposons que cette distance est même inférieure après recuit puisqu'une légère densification de la couche a été observée.

5.4 Effet du recuit thermique

Nous avons mené une étude de l'influence d'un traitement thermique sur les propriétés optiques des couches à nanoparticules pour deux types de dopage. Deux types d'échantillons, préparés par spin coating de nanoparticules de silicium encapsulées dans une matrice de SiO_2, ont été étudiés. Ces échantillons ont été dopés avec deux gaz différents. Dans les deux cas, la concentration en Np-Si dans le sol est de 0.8 g.L $^{-1}$. Les couches préparées ont été recuites à 750, 900 et 1100 °C pour activer les dopants. Le tableau 5.2 récapitule les caractéristiques de ces échantillons.

Echantillon	[Nc-Si] (g.L^{-1})	Type du dopant	[dopant]
Sol 1.a	0.8	H_3PO_4	01 :10
Sol 1.b	0.8	H_3BO_3	01 :10

TAB. 5.2 – Caractéristiques des nanoparticules de silicium déposées par spin-coating et encapsulées dans une matrice de SiO_2. La taille des Np-Si, mesurée par diffraction des rayons X (DRX), est de 3.1 nm. Pour la concentration en dopant, le ratio est défini comme le nombre de nanoparticules par rapport au nombre d'atomes dopants. Ainsi, le ratio 01 :10 équivaut à un atome dopant pour 10 nanoparticules

Les mesures de luminescence sont réalisées en utilisant la raie 364 nm d'un laser Ar$^+$. La figure 5.8 présente les spectres de PL pour différentes températures de recuit pour l'échantillon "Sol 1.a" dopé au phosphore. L'analyse de ces spectres permet d'identifier clairement deux bandes centrées autour de 2.65 et 2.83 eV, et ce quelque soit la température de recuit. Ces bandes sont répertoriées dans la littérature [140] et sont associées à des défauts radiatifs présents dans la couche d'oxyde et correspondant aux lacunes d'oxygène. Lorsque l'échantillon subit un recuit, un nouvelle bande de PL apparaît à 2.1 eV. Cette énergie correspond à des Np-Si d'environ 3 nm de diamètre [18, 141] ce qui est en bon accord avec la valeur de 3.1 nm déterminée par DRX. Ceci représente une signature forte que la bande d'émission observée à 2.1 eV provient bien des nanoparticules. L'augmentation de l'intensité de cette bande avec la température de recuit peut être attribuée à un effet de passivation des défauts d'interface et donc une diminution des canaux non radiatifs.

Le même comportement a été observé pour l'échantillon dopé au bore dont les spectres de PL obtenus à température ambiante sont représentés sur la figure 5.9. Notons que dans les deux cas de dopage, l'échantillon non recuit ne présente aucune luminescence des Np-Si, déjà présentes après le dépôt. Ceci peut être expliqué par la présence d'un grand nombre de liaisons pendantes à l'interface entre les nanoparticules et la matrice environnante et qui se comportent comme des centres de recombinaisons non radiatives. Néanmoins, la présence de processus de recombinaison Auger dans les Np-Si dopées ne peut pas être exclu.

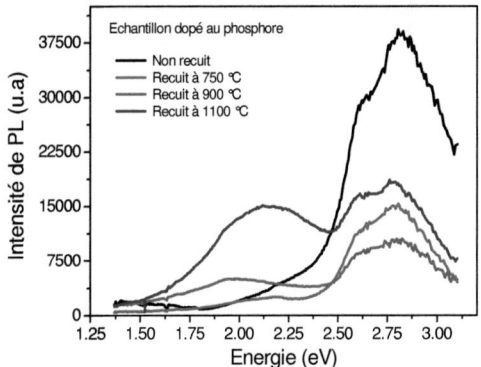

FIG. 5.8 – Spectres de photoluminescence de l'échantillon dopé au phosphore pour différentes températures de recuit

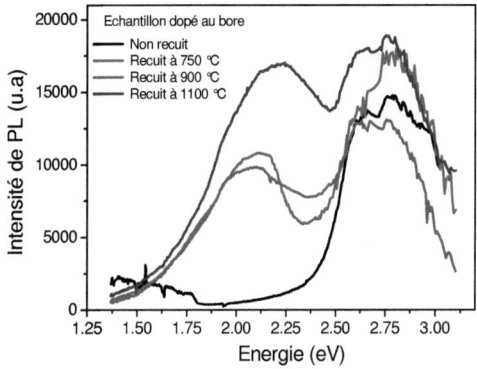

FIG. 5.9 – Spectres de photoluminescence de l'échantillon dopé au bore pour différentes températures de recuit

5.5 Conclusion du chapitre

Dans ce chapitre, nous avons étudié le dopage des couches à nanoparticules de silicium. Le contrôle du dopage de ces nanomatériaux est une étape primordiale pour la réalisation des jonctions de la structure tandem. Nous avons ainsi étudié, dans un premier temps, l'effet du dopage au bore sur les propriétés physiques des couches nanostructurées de nitrure de silicium. Les résultats obtenus par spectroscopie d'absorption infrarouge et par spectrométrie SIMS ont révélé la présence d'une forte concentration de bore au sein des couches. De plus, les mesures de PL montrent que l'augmentation de flux du gaz dopant provoque une diminution de l'intensité de luminescence probablement due à l'introduction des défauts à l'interface Np-Si/SiN$_x$ qui jouent le rôle des centres de recombinaisons non radiatives. Ces premiers résultats montrent qu'il est important d'approfondir l'étude du dopage des nanoparticules.

L'effet du type de dopage sur les propriétés optiques des structures constituées de nanoparticules de silicium élaborées par spin coating et incorporées dans une matrice sol-gel a été analysé par spectroscopie de photoluminescence. Nous avons montré que l'évolution des propriétés de luminescence de ces structures dépendent de la température de recuit. Le même comportement a été observé pour les échantillons dopés au bore et au phosphore.

Conclusion générale

Ce travail a été orienté avec l'objectif principal de montrer la possibilité d'utiliser des couches composites à base de nanoparticules de silicium pour fabriquer des cellules solaires multi-jonctions tout silicium (cellule tandem "tout silicium"). L'innovation principale portait sur l'utilisation du confinement quantique induit par les nanoparticules de silicium, confinement de l'énergie de bande interdite qui permet de réaliser un matériau présentant un gap supérieur à celui du silicium massif. Les études menées concernent donc l'étude des propriétés optiques, électroniques et de transport par spectroscopies optiques et par mesure de photoconductivité de matériaux constitués de nanoparticules de silicium immergées dans une matrice diélectrique et leur corrélation aux caractéristiques morpho-structurales.

Après avoir rappelé, dans le premier chapitre, les principaux effets de la réduction des dimensions des nanostructures de silicium sur leurs propriétés physiques ainsi que l'intérêt de l'utilisation de ces nanostructures pour augmenter le rendement de conversion des cellules photovoltaïques, nous avons mené, dans le chapitre II, une étude des propriétés optiques et structurales des couches composites de nitrure et d'oxyde de silicium riches en silicium élaborées par des techniques différentes. En combinant des analyses TEM avec des mesures par spectroscopie Raman, nous avons bien mis en évidence la formation des grains de silicium pendant le dépôt PECVD à basse température. Ces expériences révèlent l'obtention des nanoparticules cristallines, des nanoparticules de silicium amorphes ainsi que leur mélange dans une matrice SiN_x selon les conditions de dépôt. Nous en avons déduit que la fabrication des nanoparticules de silicium *in-situ* dans une matrice amorphe à basse température sans étape supplémentaire de recuit thermique est très attractive pour le photovoltaïque de 3ème génération.

Dans le but de contrôler la taille et la densité des nanoparticules de silicium dans la couche amorphe de SiN_x, l'influence de différents paramètres de dépôt (la puissance du plasma, la température du substrat, la pression dans l'enceinte, le temps de décharge du plasma, ainsi que le rapport des flux des gaz précurseurs NH_3/SiH_4) sur la formation des Np-Si lors du processus PECVD a été étudiée. Les résultats de photoluminescence obtenus pour des couches préparées avec différentes stoechiométries confirment que les mécanismes d'émission sont optimaux pour un rapport R des gaz précurseurs égale à 4, avec nos conditions de débit gazeux actuelles. Ceci semble correspondre à la plus grande densité de Np-Si combinée à une taille moyenne d'environ 4 à 5 nm. Cela est particulièrement intéressant puisque l'énergie d'émission, et donc le gap associé, est dans ce cas de 1.73 eV ce qui correpond à la valeur requise pour un rendement de conversion optimum d'une cellule tandem à deux jonctions. L'évolution des propriétés de luminescence a été confrontée aux résultats de caractérisation structurale montrant ainsi que les mécanismes d'émission des couches déposées sont dominés par un effet de taille des Np-Si. En particulier, une corrélation entre les résultats de photoluminescence et les analyses statistiques obtenues par TEM sur des couches préparées avec différentes pressions de dépôt a révélé une dépendance des caractéristiques de PL (intensité, énergie et largeur à mi-hauteur du pic de PL) en fonction de la taille et la dispersion en tailles de nanoparticules. Les recuits thermiques effectués sur les films SiN$_x$ ont permis d'identifier deux comportements différents pour l'évolution de la photoluminescence. Pour des températures de recuit inférieures à 800 °C, une optimisation de la PL a été constatée et la luminescence a été attribuée à la recombinaison des porteurs dans les nanoparticules de silicium. L'utilisation d'une température de recuit supérieure à 800 °C provoque la désorption d'hydrogène fortement présent dans ce matériau et donc la réapparition des défauts non radiatifs, d'où une diminution de l'intensité de luminescence.

L'étude de la luminescence des structures multicouches a ensuite été réalisée et elle est reportée dans le chapitre III. Un signal de PL très intense et de faible largeur à mi-hauteur est observé pour les multicouches SiO$_2$/SES/SiO$_2$ préparées par pulvérisation magnétron et recuites à 1100 °C montrant ainsi l'intérêt de ces structures pour le contrôle de la taille et la densité des nanoparticules de silicium. L'étude de la PL pour différentes épaisseurs de la couche de silice enrichie en silicium (SES) montre un décalage de l'énergie d'émission, dont l'évolution est en accord avec la variation de la taille des Np-Si observée par microscopie électronique à transmission, ce qui constitue la signature forte que le confinement quantique dans les Np-Si est à l'origine de la luminescence observée. D'autre part, les mesures par microscopie à force atomique des super-réseaux Si$_3$N$_4$/Np-Si/Si$_3$N$_4$ déposés par PECVD dans des conditions du plasma poudreux montrent que la durée de décharge du plasma permet un bon contrôle de la taille des nanoparticules, alors que le nombre de cycles de décharge gouverne la densité des Np-Si déposées sur le subtrat.

Dans le quatrième chapitre nous avons montré que les mesures de transmittance et de reflectance nous ont permis d'extraire le coefficient d'absorption de nanoparticules de silicium contenues dans une matrice de SiN$_x$. Les valeurs du coefficient d'absorption obtenues sont plus faibles que celle du silicium massif. Pour augmenter l'absorbance, les couches à nanoparticules doivent donc être plus épaisses. L'analyse des spectres d'absorption des structures multicouches SiO$_2$/SES/SiO$_2$ révèle une augmentation du coefficient d'absorption lorsque l'épaisseur de la couche SES, i.e. la taille des nanoparticules, augmente.

En utilisant la spectroscopie de photocourant en configuration latérale, nous avons pu mettre en évidence le rôle joué par la présence des nanoparticules sur le transport des charges dans les structures composites et les multicouches. Les résultats obtenus par mesures de photocourant dans les structures multicouches montre une dépendance du seuil d'absorption avec l'épaisseur de la couche active et suggèrent ainsi que les Np-Si sont à l'origine du signal mesuré en raison du décalage du spectre vers le bleu avec la réduction de la taille des nanoparticules. La métrologie de photocourant indique l'obtention d'un courant photogénéré de 90 μ A/cm^2 sous illumination équivalente à celle d'un soleil pour la couche composite préparée avec un rapport R optimisé et montrant la plus forte densité de nanoparticules distantes de 6 - 7 nm. Ce résultat final que nous avons obtenu montre que l'utilisation de couches composites de SiN$_x$ contenant des nanoparticules de silicium comme couche absorbante dans une structure tandem semble difficilement envisageable en l'état actuel de l'étude, et ceci en raison de sa très faible conductivité électrique. Néanmoins, nous pouvons espérer qu'un effort pour trouver des conditions d'élaboration permettant d'obtenir des densités de nanoparticules plus fortes avec des dispersions en tailles améliorées, peut permettre leur utilisation. En effet, les mesures métrologique obtenues nous permettent d'extrapoler un photocourant de l'ordre de 2 mA/cm^2 avec des épaisseurs de barrière entre nanoparticules de 1 nm, ce qui pourra être potentiellement intéressant pour une approche photovoltaïque de ce type. Pour aller dans cette direction, nous avons étudier une approche multicouches Si_3N_4/Np-Si/Si_3N_4, préparée par PECVD sous des conditions de plasma poudreux. Les propriétés photoélectriques obtenues sur ces structures, avec des densités de courant d'environ 3 mA/cm^2, montre que cette approche est prometteuse pour l'intégration dans les futurs dispositifs photovoltaïques.

Dans le dernier chapitre, nous nous sommes intéressé à l'étude des propriétés optiques et structurales des couches dopées. Le contrôle du dopage de ces nanomatériaux est une étape primordiale pour la réalisation des jonctions de la structure tandem. Nous avons ainsi étudié, dans un premier temps, l'effet du dopage au bore sur les propriétés physiques des couches nanostructurées de nitrure de silicium. Les résultats obtenus par spectroscopie d'absorption infrarouge et par spectrométrie SIMS ont révélé la présence d'une forte concentration de bore au sein des couches. De plus, les mesures de PL montrent que l'augmentation du flux du gaz dopant provoque une diminution de l'intensité de luminescence probablement due à l'introduction des défauts à l'interface Np-Si/SiN_x qui jouent le rôle des centres de recombinaisons non-radiatives. Ces premiers résultats montrent qu'il est important d'approfondir l'étude du dopage des nanoparticules.

Les résultats obtenus dans ce travail seront sans doute fort utiles sur le niveau fondamental ainsi que pour les futures applications. En effet, ils ont contribué à comprendre les propriétés physiques de ces systèmes complexes constitués des nanostructures de silicium, confinées en trois dimensions, noyées dans une matrice isolante. De plus, ces résultats seront certainement utiles pour la maîtrise de la formation et le dopage des nanoparticules de silicium ayant une densité et une taille bien contrôlée en vue de leur utilisation dans différents domaines tels que le photovoltaïque et l'optoélectronique.

Une conclusion générale de ces travaux est que le développement de cellules photovoltaïques de 3ème génération basées sur le confinement quantique total dans des nanoparticules passe par le développement d'une technologie permettant d'obtenir des densités élevées de nanoparticules, avec des distances inter-particules les plus faibles et les plus uniformes possibles, et avec des matrices diélectriques dont les hauteurs de barrière donnent le meilleur compromis entre le niveau de confinement et le courant.

Bibliographie

[1] S. Tiwari, S. Rana, K. Chan, H. Hanafi, W. Chan, and D. Buchanan. Volatile and nonvolatile memories in silicon with nano-crystal storage. In IEEE, editor, *Digest of International Electron Devices Meeting*, pages 521–524, 1995.

[2] T. Matsukawa, S. Kanemaru, M. Nagao, and J. Itoh. Uniformity of field emission from Si FEAs evaluated by electrostatic lens projection. In *IDW'99 Technical Digesr FED*, volume 3, page 943, 1999.

[3] V. Ioannou-Sougleridis, A. G. Nassiopoulou, T. Ouisse, F. Bassani, and F. Arnaud d'Avitaya. Electroluminescence from silicon nanocrystals in Si/CaF_2 superlattices. *Applied Physics Letters*, 79(13) :2076–2078, 2001.

[4] L. T. Canham. Silicon quantum wire array fabrication by electrochemical and chemical dissolution of wafers. 57(10) :1046–1048, 1990.

[5] M. A. Tamor and J. P. Wolfe. Drift and diffusion of free excitons in Si. *Phys. Rev. Lett.*, 44(25) :1703–, June 1980.

[6] I. Broussell, J. A. H. Stotz, and M. L. W. Thewalt. Method for shallow impurity characterization in ultrapure silicon using photoluminescence. *Journal of Applied Physics*, 92(10) :5913–5916, 2002.

[7] David J. Lockwood. *Light Emissions in Silicon : From Physics to Devices*, volume 49. Academic Press, 1998.

[8] C. Delerue, G. Allan, and M. Lannoo. Theoretical aspects of the luminescence of porous silicon. *Phys. Rev. B*, 48(15) :11024–, October 1993.

[9] Shang Yuan Ren and John D. Dow. Hydrogenated Si clusters : Band formation with increasing size. *Phys. Rev. B*, 45(12) :6492–, March 1992.

[10] B. Delley and E. F. Steigmeier. Quantum confinement in Si nanocrystals. *Phys. Rev. B*, 47(3) :1397–, January 1993.

[11] Chin-Yu Yeh, S. B. Zhang, and Alex Zunger. Confinement, surface, and chemisorption effects on the optical properties of Si quantum wires. *Phys. Rev. B*, 50(19) :14405–, November 1994.

[12] Sun-Ghil Lee, Byoung-Ho Cheong, Keun-Ho Lee, and K. J. Chang. First-principles study of the electronic and optical properties of confined silicon systems. *Phys. Rev. B*, 51(3) :1762–, January 1995.

[13] D. Kovalev, H. Heckler, M. Ben-Chorin, G. Polisski, M. Schwartzkopff, and F. Koch. Breakdown of the k-conservation rule in Si nanocrystals. *Phys. Rev. Lett.*, 81(13) :2803–, September 1998.

[14] B. Delley and E. F. Steigmeier. Quantum confinement in Si nanocrystals. *Phys. Rev. B*, 47(3) :1397–, January 1993.

[15] F. Trani, G. Cantele, D. Ninno, and G. Iadonisi. Tight-binding calculation of the optical absorption cross section of spherical and ellipsoidal silicon nanocrystals. *Phys. Rev. B*, 72(7) :075423–, August 2005.

[16] M. Dovrat, Y. Goshen, J. Jedrzejewski, I. Balberg, and A. Sa'ar. Radiative versus nonradiative decay processes in silicon nanocrystals probed by time-resolved photoluminescence spectroscopy. *Phys. Rev. B*, 69(15) :155311–, April 2004.

[17] H. Grabert and M.H. Devoret, editors. *Single-charge tunneling*. Plenum Press, 1992.

[18] C. Delerue, G. Allan, and M. Lannoo. Optical band gap of Si nanoclusters. *Journal of Luminescence*, 80(1-4) :65–73, December 1998.

[19] Nae-Man Park, Chel-Jong Choi, Tae-Yeon Seong, and Seong-Ju Park. Quantum confinement in amorphous silicon quantum dots embedded in silicon nitride. *Phys. Rev. Lett.*, 86(7) :1355–, February 2001.

[20] E. Bustarret, E. Sauvain, M. Ligeon, and M. Rosenbauer. Temperature-dependent photoluminescence in porous amorphous silicon. *Thin Solid Films*, 276(1-2) :134–137, April 1996.

[21] G. Allan, C. Delerue, and M. Lannoo. Electronic structure of amorphous silicon nanoclusters. *Phys. Rev. Lett.*, 78(16) :3161–, April 1997.

[22] M. J. Estes and G. Moddel. Luminescence from amorphous silicon nanostructures. *Phys. Rev. B*, 54(20) :14633–, November 1996.

[23] K. S. Min, K. V. Shcheglov, C. M. Yang, Harry A. Atwater, M. L. Brongersma, and A. Polman. Defect-related versus excitonic visible light emission from ion beam synthesized Si nanocrystals in SiO_2. *Applied Physics Letters*, 69(14) :2033–2035, 1996.

[24] Jan Linnros, Nenad Lalic, Augustinas Galeckas, and Vytautas Grivickas. Analysis of the stretched exponential photoluminescence decay from nanometer-sized silicon crystals in SiO_2. *Journal of Applied Physics*, 86(11) :6128–6134, 1999.

[25] Fabio Iacona, Giorgia Franzo, and Corrado Spinella. Correlation between luminescence and structural properties of Si nanocrystals. *Journal of Applied Physics*, 87(3) :1295–1303, 2000.

[26] S. Hayashi, T. Nagareda, Y. Kanzawa, and K. Yamamoto. Photoluminescence of Si-rich SiO_2 films : Si clusters as luminescent centers. *Japanese Journal of Applied Physics*, 32 :3840–3845, 1993.

[27] H. Rinnert and M. Vergnat. Influence of the temperature on the photoluminescence of silicon clusters embedded in a silicon oxide matrix. *Physica E : Low-dimensional Systems and Nanostructures*, 16(3-4) :382–387, March 2003.

[28] M. Zacharias, J. Heitmann, R. Scholz, U. Kahler, M. Schmidt, and J. Blasing. Size-controlled highly luminescent silicon nanocrystals : A SiO/SiO_2 superlattice approach. *Applied Physics Letters*, 80(4) :661–663, 2002.

[29] M.A. Green, G. Conibeer, D. König, E.C. Cho, D. Song, Y. Cho, T. Fangsuwannarak, Y. Huang, G. Scardera, E. Pink, S. Huang, C. Jiang, T. Trupke, R. Corkish, and T. Puzzer. Progress with all-silicon tandem cells based on silicon quantum dots in a dielectric matrix. In *21st EPSEC*, pages 10–14, 2006 Germany.

[30] J.-F. Lelièvre, H. Rodriguez, E. Fourmond, S. Quoizola, J. De la Torre, A. Sibai, G. Bremond, P.-J. Ribeyron, J.-C. Loretz, D. Araujo, and M. Lemiti. Evidence of intrinsic silicon nanostructure formation in SiN matrix deposited by various low temperature CVD techniques. *Phys. Status Solidi (c)*, 4(4) :1401–1405, 2007.

[31] William Shockley and Hans J. Queisser. Detailed balance limit of efficiency of p-n junction solar cells. *Journal of Applied Physics*, 32(3) :510–519, 1961.

[32] Jean-François Lelièvre. *Elaboration de SiNx : H par PECVD : optimisation des propriétés optiques, passivantes et structurales pour applications photovoltaïques*. PhD thesis, INSA de Lyon, 2007.

[33] M.A. Green. *Silicon Solar Cells : Advanced Principles and Practice*. Centre for Photovoltaic Devices & Systems, Sydney, Australia, 1995.

[34] A. Ricaud. *Photopiles solaires*. Presses polytechniques et universitaires romandes, Lausanne, Suisse, 1997.

[35] M.A. Green. Third generation photovoltaics : Ultra-high conversion efficiency at low cost. *Progress in Photovoltaics : Research and Applications*, 9(2) :123–135, March 2001.

[36] M.A.Green. *Third Generation Photovoltaics : Advanced Solar Energy Conversion*. Springer, 2003.

[37] From 40.7 to 42.8 http ://www.renewableenergyworld.com/rea/news/article/2007/07/from-40-7-to-42-8-solar-cell-efficiency-49483.

[38] Antonio Luque and Antonio Marti. Increasing the efficiency of ideal solar cells by photon induced transitions at intermediate levels. *Phys. Rev. Lett.*, 78(26) :5014–, June 1997.

[39] Jean-Marc Raulot, Christophe Domain, and Jean-François Guillemoles. Fe-doped $CuInSe_2$: An ab initio study of magnetic defects in a photovoltaic material. *Phys. Rev. B*, 71(3) :035203–, January 2005.

[40] Jürgen H. Werner, Sabine Kolodinski, and Hans J. Queisser. Novel optimization principles and efficiency limits for semiconductor solar cells. *Phys. Rev. Lett.*, 72(24) :3851–, June 1994.

[41] Robert T. Ross and Arthur J. Nozik. Efficiency of hot-carrier solar energy converters. *Journal of Applied Physics*, 53(5) :3813–3818, 1982.

[42] Y. Rosenwaks, M. C. Hanna, D. H. Levi, D. M. Szmyd, R. K. Ahrenkiel, and A. J. Nozik. Hot-carrier cooling in GaAs : Quantum wells versus bulk. *Phys. Rev. B*, 48(19) :14675–, November 1993.

[43] Antonio Martí and Gerardo L. Araújo. Limiting efficiencies for photovoltaic energy conversion in multigap systems. *Solar Energy Materials and Solar Cells*, 43(2) :203–222, September 1996.

[44] G. Conibeer, M. Green, R. Corkish, Y. Cho, E.-C. Cho, C.-W. Jiang, T. Fangsuwannarak, E. Pink, Y. Huang, T. Puzzer, T. Trupke, B. Richards, A. Shalav, and K.-lung Lin. Silicon nanostructures for third generation photovoltaic solar cells. *Thin Solid Films*, 511-512 :654–662, July 2006.

[45] M.A. Green, G. Conibeer, D. König, E.-C. Cho, D. Song, Y. Cho, T. Fangsuwannarak, Y. Huang, G. Scardera, E. Pink, S. Huang, C. Jiang, T. Trupke, R. Corkish, and T. Puzzer. Progress with all-silicon tandem cells based on silicon quantum dots in a dielectric matrix. In *21st European Photovoltaic Solar Energy Conference*, pages 10–14, September 2006, Dresden, Germany.

[46] F. Meillaud, A. Shah, C. Droz, E. Vallat-Sauvain, and C. Miazza. Efficiency limits for single-junction and tandem solar cells. *Solar Energy Materials and Solar Cells*, 90(18-19) :2952–2959, November 2006.

[47] K Ma, J Y Feng, and Z J Zhang. Improved photoluminescence of silicon nanocrystals in silicon nitride prepared by ammonia sputtering. *Nanotechnology*, 17(18) :4650, 2006.

[48] M. Molinari, H. Rinnert, and M. Vergnat. Correlation between structure and photoluminescence in amorphous hydrogenated silicon nitride alloys. *Physica E : Low-dimensional Systems and Nanostructures*, 16(3-4) :445–449, March 2003.

[49] P. Roca i Cabarrocas, S. Hamma, S. N. Sharma, G. Viera, E. Bertran, and J. Costa. Nanoparticle formation in low-pressure silane plasmas : bridging the gap between a-Si :H and μc-Si films. *Journal of Non-Crystalline Solids*, 227-230(Part 2) :871–875, May 1998.

[50] P. Roca i Cabarrocas. Plasma enhanced chemical vapor deposition of amorphous, polymorphous and microcrystalline silicon films. *Journal of Non-Crystalline Solids*, 266-269(Part 1) :31–37, May 2000.

[51] G. S. Selwyn, J. Singh, and R. S. Bennett. In situ laser diagnostic studies of plasma-generated particulate contamination. *Journal of Vacuum Science & Technology A : Vacuum, Surfaces, and Films*, 7(4) :2758–2765, 1989.

[52] L. Boufendi, A. Plain, J. Ph. Blondeau, A. Bouchoule, C. Laure, and M. Toogood. Measurements of particle size kinetics from nanometer to micrometer scale in a low-pressure argon-silane radio-frequency discharge. *Applied Physics Letters*, 60(2) :169–171, 1992.

[53] C. Courteille, Ch. Hollenstein, J.-L. Dorier, P. Gay, W. Schwarzenbach, A. A. Howling, E. Bertran, G. Viera, R. Martins, and A. Macarico. Particle agglomeration study in rf silane plasmas : In situ study by polarization-sensitive laser light scattering. *Journal of Applied Physics*, 80(4) :2069–2078, 1996.

[54] P. Roca i Cabarrocas. New approaches for the production of nano-, micro-, and polycrystalline silicon thin films. *physica status solidi (c)*, 1(5) :1115–1130, 2004.

[55] Q. Brulin. *Modélisation des effets de l'hydrogène sur la morphogenèse des nanostructures de silicium hydrogéné dans un réacteur plasma.* PhD thesis, Ecole Polytechnique, 2006.

[56] H. Vach, Q. Brulin, N. Chaâbane, T. Novikova, P. Roca i Cabarrocas, B. Kalache, K. Hassouni, S. Botti, and L. Reining. Growth dynamics of hydrogenated silicon na-

noparticles under realistic conditions of a plasma reactor. *Computational Materials Science*, 35(3) :216–222, March 2006.

[57] A. Dollet, J.P. Couderc, and B. Despax. Analysis and numerical modelling of silicon nitride deposition in a plasma-enhanced chemical vapour deposition reactor. i. bidimensional modelling. *Plasma Sources Science and Technology*, 4 :94, 1995.

[58] H. Caquineau, G. Dupont, B. Despax, and J. P. Couderc. Reactor modeling for radio frequency plasma deposition of SiN_xH_y : Comparison between two reactor designs. *Journal of Vacuum Science & Technology A : Vacuum, Surfaces, and Films*, 14(4) :2071–2082, 1996.

[59] Olivier Jambois. *Elaboration et étude de la structure et des mécanismes de luminescence de nanocristaux de silicium de taille contrôlée*. PhD thesis, Université Henri Poincaré - Nancy 1, 2005.

[60] J. Klangsin. *Incorporation de nanoparticules de silicium dans des matrices obtenues par voie sol-gel : elaboration et caractérisations*. PhD thesis, Université Claude Bernard Lyon 1, 2008.

[61] Holger Vach and Quentin Brulin. Controlled growth of silicon nanocrystals in a plasma reactor. *Phys. Rev. Lett.*, 95(16) :165502–, October 2005.

[62] Tae-Wook Kim, Chang-Hee Cho, Baek-Hyun Kim, and Seong-Ju Park. Quantum confinement effect in crystalline silicon quantum dots in silicon nitride grown using SiH4 and NH3. *Applied Physics Letters*, 88(12) :123102, 2006.

[63] R. Alben, D. Weaire, J. E. Smith, and M. H. Brodsky. Vibrational properties of amorphous Si and Ge. *Phys. Rev. B*, 11(6) :2271–, March 1975.

[64] H. Richter, Z. P. Wang, and L. Ley. The one phonon raman spectrum in microcrystalline silicon. *Solid State Communications*, 39(5) :625–629, August 1981.

[65] I. H. Campbell and P. M. Fauchet. The effects of microcrystal size and shape on the one phonon raman spectra of crystalline semiconductors. *Solid State Communications*, 58(10) :739–741, June 1986.

[66] H.B. Bebb and E.W. Williams. *Semiconductors and semimetals*, volume 8. Academic Press, New York, 1972.

[67] J. R. Haynes. Experimental proof of the existence of a new electronic complex in silicon. *Phys. Rev. Lett.*, 4(7) :361–, April 1960.

[68] F. Giorgis, C. Vinegoni, and L. Pavesi. Optical absorption and photoluminescence properties of a-Si1-xNx :H films deposited by plasma-enhanced CVD. *Phys. Rev. B*, 61(7) :4693–, February 2000.

[69] L. Dal Negro, J. H. Yi, J. Michel, L. C. Kimerling, T.-W. F. Chang, V. Sukhovatkin, and E. H. Sargent. Light emission efficiency and dynamics in silicon-rich silicon nitride films. *Applied Physics Letters*, 88(23) :233109, 2006.

[70] Lap Van Dao, Jeff Davis, Peter Hannaford, Young-Hyun Cho, Martin A. Green, and Eun-Chel Cho. Ultrafast carrier dynamics of Si quantum dots embedded in SiN matrix. *Applied Physics Letters*, 90(8) :081105, 2007.

[71] H. L. Hao, L. K. Wu, W. Z. Shen, and H. F. W. Dekkers. Origin of visible luminescence in hydrogenated amorphous silicon nitride. *Applied Physics Letters*, 91(20) :201922, 2007.

[72] Tae-Youb Kim, Nae-Man Park, Kyung-Hyun Kim, Gun Yong Sung, Young-Woo Ok, Tae-Yeon Seong, and Cheol-Jong Choi. Quantum confinement effect of silicon nanocrystals in situ grown in silicon nitride films. *Applied Physics Letters*, 85(22) :5355–5357, 2004.

[73] Nae-Man Park, Tae-Soo Kim, and Seong-Ju Park. Band gap engineering of amorphous silicon quantum dots for light-emitting diodes. *Applied Physics Letters*, 78(17) :2575–2577, 2001.

[74] Y. Q. Wang, Y. G. Wang, L. Cao, and Z. X. Cao. High-efficiency visible photoluminescence from amorphous silicon nanoparticles embedded in silicon nitride. *Applied Physics Letters*, 83(17) :3474–3476, 2003.

[75] Hiromitsu Kato, Norihide Kashio, Yoshimichi Ohki, Kwang Soo Seol, and Takashi Noma. Band-tail photoluminescence in hydrogenated amorphous silicon oxynitride and silicon nitride films. *Journal of Applied Physics*, 93(1) :239–244, 2003.

[76] Sadanand V. Deshpande, Erdogan Gulari, Steven W. Brown, and Stephen C. Rand. Optical properties of silicon nitride films deposited by hot filament chemical vapor deposition. *Journal of Applied Physics*, 77(12) :6534–6541, 1995.

[77] W. L. Warren, J. Robertson, and J. Kanicki. Si and N dangling bond creation in silicon nitride thin films. *Applied Physics Letters*, 63(19) :2685–2687, 1993.

[78] Minghua Wang, Dongsheng Li, Zhizhong Yuan, Deren Yang, and Duanlin Que. Photoluminescence of Si-rich silicon nitride : Defect-related states and silicon nanoclusters. *Applied Physics Letters*, 90(13) :131903, 2007.

[79] Jr. G. E. Jellison and F. A. Modine. Parameterization of the optical functions of amorphous materials in the interband region. *Applied Physics Letters*, 69(3) :371–373, 1996.

[80] J.I. Pankove. *Optical processes in semiconductors*. Dover Publications, Inc, New York, 1971.

[81] J. Robertson. Electronic structure of silicon nitride. *Philosophical Magazine Part B*, 63(1) :47–77, 1991.

[82] Michaël Molinari. *Corrélation entre propriétés structurales et propriétés de luminescence de films minces d'oxyde et de nitrure de silicium élaborés par évaporation*. PhD thesis, Université Henri Poincaré - Nancy 1, 2002.

[83] J. Botsoa. *Synthèse de nanostructures de carbure de silicium et étude de leurs propriétés optiques*. PhD thesis, INSA de Lyon, 2008.

[84] G. Lucovsky, Y. Wu, H. Niimi, V. Misra, and J. C. Phillips. Bonding constraints and defect formation at interfaces between crystalline silicon and advanced single layer and composite gate dielectrics. *Applied Physics Letters*, 74(14) :2005–2007, 1999.

[85] D. Nefedov and R. Yafarov. Effect of elastic interactions on the formation of silicon nanocrystals on noncrystalline substrates in microwave low-pressure gas discharge plasma. *Technical Physics Letters*, 33(4) :284–287, April 2007.

[86] W. A. Lanford and M. J. Rand. The hydrogen content of plasma-deposited silicon nitride. *Journal of Applied Physics*, 49(4) :2473–2477, 1978.

[87] M. Xu, S. Xu, J. W. Chai, J. D. Long, and Y. C. Ee. Enhancement of visible photoluminescence in the SiN_x films by SiO_2 buffer and annealing. *Applied Physics Letters*, 89(25) :251904, 2006.

[88] A. V. Kharchenko, V. Suendo, and P. Roca i Cabarrocas. Plasma studies under polymorphous silicon deposition conditions. *Thin Solid Films*, 427(1-2) :236–240, March 2003.

[89] Martin T. K. Soh, N. Savvides, Charles A. Musca, Mariusz P. Martyniuk, and Lorenzo Faraone. Local bonding environment of plasma deposited nitrogen-rich silicon nitride thin films. *Journal of Applied Physics*, 97(9) :093714, 2005.

[90] J. J. Mei, H. Chen, W. Z. Shen, and H. F. W. Dekkers. Optical properties and local bonding configurations of hydrogenated amorphous silicon nitride thin films. *Journal of Applied Physics*, 100(7) :073516, 2006.

[91] A. M. Antoine, B. Drevillon, and P. Roca i Cabarrocas. In situ investigation of the growth of rf glow-discharge deposited amorphous germanium and silicon films. *Journal of Applied Physics*, 61(7) :2501–2508, 1987.

[92] Th. Nguyen-Tran, P. Roca i Cabarrocas, and G. Patriarche. Study of radial growth rate and size control of silicon nanocrystals in square-wave-modulated silane plasmas. *Applied Physics Letters*, 91(11) :111501, 2007.

[93] Fan Jiang, Michael Stavola, A. Rohatgi, D. Kim, J. Holt, H. Atwater, and J. Kalejs. Hydrogenation of si from SiN_x(H) films : Characterization of H introduced into the Si. *Applied Physics Letters*, 83(5) :931–933, 2003.

[94] H. L. Hao, L. K. Wu, and W. Z. Shen. Controlling the red luminescence from silicon quantum dots in hydrogenated amorphous silicon nitride films. *Applied Physics Letters*, 92(12) :121922, 2008.

[95] D. Kovalev, H. Heckler, G. Polisski, and F. Koch. Optical properties of Si nanocrystals. *physica status solidi (b)*, 215(2) :871–932, 1999.

[96] C. Ternon, F. Gourbilleau, X. Portier, P. Voivenel, and C. Dufour. An original approach for the fabrication of Si/SiO_2 multilayers using reactive magnetron sputtering. *Thin Solid Films*, 419(1-2) :5–10, November 2002.

[97] O. Jambois, H. Rinnert, X. Devaux, and M. Vergnat. Influence of the annealing treatments on the luminescence properties of SiO/SiO_2 multilayers. *Journal of Applied Physics*, 100(12) :123504, 2006.

[98] J. Tauc, R. Grigorovici, and A. Vancu. Optical properties and electronic structure of amorphous germanium. *physica status solidi (b)*, 15(2) :627–637, 1966.

[99] L. Ding, T. P. Chen, Y. Liu, C. Y. Ng, and S. Fung. Optical properties of silicon nanocrystals embedded in a SiO_2 matrix. *Phys. Rev. B*, 72(12) :125419–, September 2005.

[100] F. Trojánek, K. Zídek, K. Neudert, I. Pelant, and P. Malý. Superlinear photoluminescence in silicon nanocrystals : The role of excitation wavelength. *Journal of Luminescence*, 121(2) :263–266, December 2006.

[101] T. Hanley A. Nelson D. Song S.J. Huang T. Fangsuwannarak S. Park E. Pink G. Scardera E. C. Cho D. König G. Conibeer D. Bellet, E. Bellet-Amalric. Third

generation photovoltaics multilayers investigated by X-ray reflectivity. *Proceeding of the 22nd European Photovoltaic Solar Energy Conference and Exhibition*, page 472, Milan, Septembre 2007.

[102] R. Rizzoli, C. Summonte, P. Rava, G. Barucca, A. Desalvo, and F. Giorgis. a-SiN :H multilayer versus bulk structure : a real improvement of radiative efficiency ? *Journal of Non-Crystalline Solids*, 266-269(Part 2) :1062–1066, May 2000.

[103] E.J. Johnson. *In semiconductors and semimetals*, volume 3. Academic, New York, 1967.

[104] A. Nakajima, Y. Sugita, K. Kawamura, H. Tomita, and N. Yokoyama. Microstructure and optical absorption properties of Si nanocrystals fabricated with low-pressure chemical-vapor deposition. *Journal of Applied Physics*, 80(7) :4006–4011, 1996.

[105] S. Mirabella, R. Agosta, G. Franzo, I. Crupi, M. Miritello, R. Lo Savio, M. A. Di Stefano, S. Di Marco, F. Simone, and A. Terrasi. Light absorption in silicon quantum dots embedded in silica. *Journal of Applied Physics*, 106(10) :103505, 2009.

[106] R.M. Hill. Single carrier transport in thin dielectric films. *Thin Solid Films*, 1 :39, 1967.

[107] R.M. Hill. Poole-frenkel conduction in amorphous solids. *The Philosophical Magazine*, 23(181) :59–86, 1971.

[108] P. Hesto. *Instabilities in silicon devices ; The nature of electronic conduction in thin insulating layers*. Elseiver Science Publisher, 1986.

[109] G. Pananakakis, G. Ghibaudo, R. Kies, and C. Papadas. Temperature dependence of the fowler-nordheim current in metal-oxide degenerate semiconductor structures. *Journal of Applied Physics*, 78(4) :2635–2641, 1995.

[110] Albert Thomas Fromhold. *Quantum mechanics for applied physics and engineering*. Academic Press, 1981.

[111] N. Mott and E. Davis. *Electronic process in non-crystalline materials*. 2e édition, Clarendon Press, 1979.

[112] V. A. Gritsenko, E. E. Meerson, and Yu. N. Morokov. Thermally assisted hole tunneling at the Au-Si_3N_4 interface and the energy-band diagram of metal-nitride-oxide-semiconductor structures. *Phys. Rev. B*, 57(4) :R2081–, January 1998.

[113] M. Higuchi, T. Aratani, T. Hamada, S. Shinagawa, H. Nohira, E. Ikenaga, A. Teramoto, T. Hattori, S. Sugawa, and T. Ohmi. Electric characteristics of Si_3N_4 films formed by directly radical nitridation on Si(110) and Si(100) surfaces. *Japanese Journal of Applied Physics*, 46 :1895–1898, 2007.

[114] M.A. Green, E.-C. Cho, Y. Cho, Y. Huang, E. Pink, T. Trupke, A. Lin, T. Fangsuwannarak, T. Puzzer, G. Conibeer, and R. Corkish. All-silicon tandem cells based on "artificial" semiconductor synthesised using silicon quantum dots in a dielectric matrix. In *20th European Photovoltaic Solar Energy Conference, Barcelone*, pages 3–7, 2005.

[115] K. P. Acharya, B. Ullrich, and A. Erlacher. Responsivity of ZnTe/n-GaAs heterostructures formed by infrared nanosecond laser deposition. *Journal of Applied Physics*, 102(7) :073107, 2007.

[116] J. De la Torre, A. Souifi, A. Poncet, G. Bremond, G. Guillot, B. Garrido, and J.R. Morante. Ground and first excited states observed in silicon nanocrystals by photocurrent technique. *Solid-State Electronics*, 49(7) :1112–1117, July 2005.

[117] O.V. Vakulenko, S.V. Kondratenko, A.S. Nikolenko, S.L. Golovinskiy, Yu.N. Kozyrev, M.Yu. Rubezhanska, and A.I. Vodyanitsky. Photoconductivity spectra of Ge/Si heterostructures with Ge QDs. *Nanotechnology*, 18 :185401, 2007.

[118] Jorge De La Torre Y Ramos. *Etudes des propriétés opto-électroniques de structures et de composants à base de nanostructures de Si*. PhD thesis, INSA de Lyon, 2003.

[119] R. Zhang, X. Y. Chen, K. Zhang, and W. Z. Shen. Photocurrent response of hydrogenated nanocrystalline silicon thin films. *Journal of Applied Physics*, 100 :104310, 2006.

[120] G. Y. Sung, N.-M. Park, J.-H. Shin, K.-H. Kim, T.-Y. Kim, K. S. Cho, and C. Huh. Physics and device structures of highly efficient silicon quantum dots based silicon nitride light-emitting diodes. *Selected Topics in Quantum Electronics, IEEE Journal of DOI - 10.1109/JSTQE.2006.885391*, 12(6) :1545–1555, 2006.

[121] O.V. Vakulenko and S.V. Kondratenko. Photovoltage and photocurrent spectroscopy of luminescent porous silicon. *Semiconductor Physics, Quantum Electronics and Optoelectronics*, 6(2) :192–196, 2003.

[122] Y. Kanzawa, M. Fujii, S. Hayashi, and K. Yamamoto. Doping of B atoms into Si nanocrystals prepared by rf cosputtering. *Solid State Communications*, 100(4) :227 – 230, 1996.

[123] Minoru Fujii, Atsushi Mimura, Shinji Hayashi, Keiichi Yamamoto, Chika Urakawa, and Hitoshi Ohta. Improvement in photoluminescence efficiency of SiO_2 films containing Si nanocrystals by P doping : An electron spin resonance study. *Journal of Applied Physics*, 87(4) :1855–1857, 2000.

[124] S. Ossicini, F. Iori, E. Degoli, E. Luppi, R. Magri, R. Poli, G. Cantele, F. Trani, and D. Ninno. Understanding doping in silicon nanostructures. *Selected Topics in Quantum Electronics, IEEE Journal of DOI - 10.1109/JSTQE.2006.884087*, 12(6) :1585–1591, 2006.

[125] Federico Iori, Elena Degoli, Rita Magri, Ivan Marri, G. Cantele, D. Ninno, F. Trani, O. Pulci, and Stefano Ossicini. Engineering silicon nanocrystals : Theoretical study of the effect of codoping with boron and phosphorus. *Phys. Rev. B*, 76(8) :085302–, August 2007.

[126] Zhiyong Zhou, Michael L. Steigerwald, Richard A. Friesner, Louis Brus, and Mark S. Hybertsen. Structural and chemical trends in doped silicon nanocrystals : Firstprinciples calculations. *Phys. Rev. B*, 71(24) :245308–, June 2005.

[127] G. A. Kachurin, S. G. Cherkova, V. A. Volodin, D. M. Marin, Tetel'baum D. I., and H. Becker. Effect of boron ion implantation and subsequent anneals on the properties of Si nanocrystals. *Semiconductors*, 40(1) :72–78, 2006.

[128] Minoru Fujii, Shinji Hayashi, and Keiichi Yamamoto. Photoluminescence from B-doped Si nanocrystals. *Journal of Applied Physics*, 83(12) :7953–7957, 1998.

[129] X. D. Pi, R. Gresback, R. W. Liptak, S. A. Campbell, and U. Kortshagen. Doping efficiency, dopant location, and oxidation of Si nanocrystals. *Applied Physics Letters*, 92(12) :123102, 2008.

[130] Atsushi Mimura, Minoru Fujii, Shinji Hayashi, Dmitri Kovalev, and Frederick Koch. Photoluminescence and free-electron absorption in heavily phosphorus-doped Si nanocrystals. *Phys. Rev. B*, 62(19) :12625–, November 2000.

[131] Gustavo M. Dalpian and James R. Chelikowsky. Self-purification in semiconductor nanocrystals. *Phys. Rev. Lett.*, 96(22) :226802–, June 2006.

[132] TL. Chan, ML. Tiago, E. Kaxiras, and JR. Chelikowsky. Size limits on doping phosphorus into silicon nanocrystals. *Nano Letters*, 8(2) :596–600, 2008.

[133] G. Cantele, Elena Degoli, Eleonora Luppi, Rita Magri, D. Ninno, G. Iadonisi, and Stefano Ossicini. First-principles study of n - and p -doped silicon nanoclusters. *Phys. Rev. B*, 72(11) :113303–, September 2005.

[134] Steven C. Erwin, Lijun Zu, Michael I. Haftel, Alexander L. Efros, Thomas A. Kennedy, and David J. Norris. Doping semiconductor nanocrystals. *Nature*, 436(7047) :91–94, July 2005.

[135] A. Bentzen. *Phosphorus diffusion and gettering in silicon solar cells*. PhD thesis, University of Oslo, 2006.

[136] K. Hoummada. *Etude de la redistribution des dopants et des éléments d'alliages lors de la formation des siliciures*. PhD thesis, Université Paul Cézanne - Aix-Marseille III, 2007.

[137] F Yun, B.J Hinds, S Hatatani, S Oda, Q.X Zhao, and M Willander. Study of structural and optical properties of nanocrystalline silicon embedded in SiO_2. *Thin Solid Films*, 375(1-2) :137–141, October 2000.

[138] E.I. Kamitsos, A.P. Patsis, M.A. Karakassides, and G.D. Chryssikos. Infrared reflectance spectra of lithium borate glasses. *Journal of Non-Crystalline Solids*, 126(1-2) :52–67, December 1990.

[139] X.J. Hao, E-C. Cho, C. Flynn, Y.S. Shen, S.C. Park, G. Conibeer, and M.A. Green. Synthesis and characterization of boron-doped Si quantum dots for all-Si quantum dot tandem solar cells. *Solar Energy Materials and Solar Cells*, 93(2) :273–279, February 2009.

[140] Linards Skuja. Optically active oxygen-deficiency-related centers in amorphous silicon dioxide. *Journal of Non-Crystalline Solids*, 239(1-3) :16–48, October 1998.

[141] Alex Zunger and Lin-Wang Wang. Theory of silicon nanostructures. *Applied Surface Science*, 102 :350–359, August 1996.

Annexes

Annexe A

Les différents régimes de confinement dans une boîte quantique

Pour faire une discussion simple des transitions optiques dans les boites quantiques, nous prenons le cas dun semiconducteur à gap direct et nous adoptons le modèle à deux bandes simples, paraboliques et isotropes. Nous utilisons également lapproximation de la masse effective, qui suppose que les dimensions de la boite quantique dépassent largement la constante du réseau cristallin. Dans le cas idéal dun potentiel de confinement infini, lénergie cinétique des particules dans une nanosphère de rayon R prend des valeurs discrètes et inversement proportionnelles au carré du rayon R :

$$E_{e,nlm} = E_g + \frac{\hbar^2}{2m_e^*}(\frac{\alpha_{n,l}}{R})^2 \tag{A.1}$$

pour les électrons et

$$E_{h,nlm} = \frac{\hbar^2}{2m_h^*}(\frac{\alpha_{n,l}}{R})^2 \tag{A.2}$$

pour les trous. Il est usuel de noter les états propres (n,l) des électrons et des trous de la façon suivante : 1s, 1p,....., 2s, etc. où s, p,......, etc. A remarquer que, contrairement au cas dun potentiel coulombien, létat 1p est possible dans le cas dun potentiel de confinement sphérique. La figure A.1 montre quelques premiers niveaux dénergie dans une nanosphère en comparaison avec la dispersion en énergie dans le cas du massif.

Des équations A.1 et A.2 nous observons que, en absence dinteraction coulombienne, létat de plus basse énergie de la paire électron-trou a une énergie plus grande que le gap du semiconducteur massif d'une quantité :

$$\Delta E = \frac{\hbar^2}{2\mu}(\frac{\pi}{R})^2 \tag{A.3}$$

soit encore :

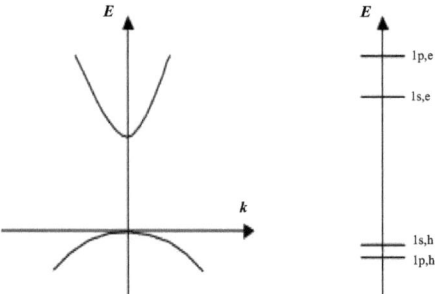

FIG. A.1 – Schémas représentatif du spectre d'énergie d'une particule. A gauche : dans le cas d'un semiconducteur massif. A droite : niveaux d'énergie d'une particule sphérique (e : électron, h : trou)

$$\Delta E = E_{ex}(\frac{\pi . a_B}{R})^2 \tag{A.4}$$

où E_{ex} et a_B désignent respectivement lénergie de liaison et le rayon de Bohr de l'exciton dans le matériau massif.

L'expression A.4 montre que pour des petites boîtes quantiques ($R << a_B$), le confinement géométrique introduit un déplacement énergétique très grand devant l'énergie de liaison de l'exciton. Si nous utilisons E_{ex} comme une mesure de l'importance de l'interaction coulombienne interbande, en peut en première approximation négliger l'interaction coulombienne dans les petites boîtes quantiques (système de particules indépendantes [5]). Ainsi, l'énergie du photon nécessaire a la création d'une paire electron-trou est donnée par :

$$\hbar\omega = E_g + E_{ex}(\frac{\alpha_{n,l} . a_B}{R})^2 \tag{A.5}$$

En fait, le spectre d'énergie des états électroniques dans une nanosphère est déterminé par l'effet de taille quantique (Quantum Size Effect : QSE) et l'interaction coulombienne. Ces deux formes d'énergie augmentent lorsque le rayons R diminue. L'importance relative de ces deux énergies dépend de la taille de la microcristallite et des paramètres physiques du matériau semiconducteur. Ainsi, nous pouvons distinguer trois régimes de confinement :

A.1 Régime de faible confinement

Le confinement est dit faible lorsque le rayon de la nanosphère R est largement supérieur au rayon de Bohr de l'exciton a_B ($R >> a_B$). Dans ce cas, seulement le mouvement du centre de masse de l'exciton est quantifié, pendant que les mouvements relatifs de l'électron et du trou sont à peine affectés. Le déplacement des pics excitoniques du matériau vers les hautes énergies est inversement proportionnel à la masse totale de l'exciton. Dans le formalisme de la fonction enveloppe, la position de la raie de plus faible énergie est donnée par l'équation

$$\hbar\omega = E_g - E_{ex} + \frac{\hbar^2\pi^2}{2MR^2} \tag{A.6}$$

où M = me* + mh* est la masse totale de l'exciton.
Les énergies des transitions suivantes s'écrivent sous la forme

$$\hbar\omega = E_g - E_{ex} + \frac{\hbar^2\pi^2 n^2}{2MR^2} \tag{A.7}$$

où n est un entier.

A.2 Régime de fort confinement

Il s'agit d'un régime de fort confinement lorsque le rayon de la nanosphère est très inférieur au rayon de Bohr de l'exciton ($R << a_B$). L'effet du confinement est alors prédominant et affecte les mouvements de l'électron et du trou. Ces derniers peuvent être décrits dans un premier temps à l'aide des fonctions d'onde séparées (particules indépendantes), puis l'interaction coulombienne entre ces particules est traitée comme une perturbation.
La position de la raie de plus faible énergie dans le spectre d'absorption est donnée par :

$$\hbar\omega = E_g + \frac{\hbar^2\pi^2}{2\mu R^2} - 1.8\frac{e^2}{\epsilon R} \tag{A.8}$$

Pour les nanoparticules en régime de fort confinement, nous obtenons une forte augmentation du gap énergétique et un déplacement significatif des spectres optiques vers les hautes énergies.

A.3 Régime de confinement intermédiaire

Ce régime est obtenu lorsque le rayon de la nanosphère est plus petit que le rayon de Bohr de l'électron et plus grand que le rayon de Bohr du trou ($a_h < R < a_e$). Cette condition est réalisée dans le cas usuel où la masse effective du trou est largement supérieure à celle de l'électron. Ainsi, l'effet du confinement géométrique sur l'électron d'une part et le trou d'autre part est considérablement différent. Le confinement est important pour le mouvement des électrons, particules les plus légères. Dans ce cas, le mouvement de l'électron est quantifié et l'interaction coulombienne non négligeable entre électrons et trous va influencer le mouvement des trous. Ceux-ci se déplacent essentiellement dans un nuage d'électrons fortement confinés qui produisent un potentiel coulombien moyen. L'exciton peut être traité comme un donneur situé au centre de la nanosphère. Cette situation a lieu pour beaucoup de semiconducteurs à gap direct, comme les composés

II-VI, où l'énergie de liaison de l'exciton E_{ex} n'est pas très importante et a_B peut être appréciable.

Annexe B

La spectrométrie Raman

B.1 Principe

La spectrométrie Raman se base sur l'interaction d'une onde électromagnétique avec les modes de vibration de molécules. Contrairement à la spectrométrie d'absorption infrarouge qui exploite le phénomène de résonance, la spectrométrie Raman utilise la diffusion inélastique générant une faible modification entre l'énergie d'excitation et l'énergie analysée, cet écart étant relié à l'énergie des niveaux étudiés.

Lorsqu'un échantillon est excité par une lumière monochromatique, la radiation incidente est diffusée. Cette diffusion peut être due à la présence d'inhomogénéités, si leur taille est supérieure à la longueur d'onde, ou plus faiblement à la polarisabilité du milieu (diffusion Rayleigh). Ces deux processus conduisent à une diffusion à une fréquence identique à celle de la source. L'émission Raman est une diffusion qui se produit à une fréquence différente de celle de la source, plus (raie anti-Stokes) ou moins (raie Stokes) énergétique. Ces deux émissions sont symétriques par rapport à l'excitatrice et l'écart d'énergie entre les radiations incidente et diffusée ne dépend pas de l'énergie de la source. Le déplacement Raman est donc une valeur intrinsèque au matériau étudié. Dans le cas de molécules, les fréquences observées sont caractéristiques des modes de vibration. L'effet Raman, bien que très proche de la spectrométrie infrarouge, est une technique véritablement complémentaire car les règles de sélection Raman sont différentes de celles régissant l'absorption dans l'infrarouge. De plus, les intensités relatives à des bandes similaires ne sont pas les mêmes. Par une étude combinée des spectrométries d'absorption infrarouge et Raman, il est possible d'obtenir de nombreux renseignements sur la structure d'un matériau.

L'effet d'une onde électromagnétique sur la matière est de créer un dipôle électrique ascillant. Ce dipôle rayonne à la fréquence de la source et cette oscillation est généralement diffusée. La diffusion par un ensemble de particules très dispersées et de dimension plus faible que la longueur d'onde de la source correspond à une "diffusion simple", le critère étant que la diffusion d'une particule ne perturbe pas la diffusion des autres particules. Soit $\vec{E} = a\cos(\omega t)\vec{u}$, l'onde incidente de pulsation ω. Distinguons la diffusion Rayleigh et la diffusion Raman :

B.1.1 Diffusion Rayleigh

Considérons que la particule ait une polarisabilité α, le dipôle résultatnt est $\vec{\mu} = \alpha \vec{E} = \alpha.a\cos(\omega t)\vec{u}$. En général, α dépend de ω. Si la particule est isotrope, $\vec{\mu}$ et $\vec{E}$ sont colinéaires. Le rayonnement résultant de ce dipôle correspond à la diffusion Rayleigh.

B.1.2 Diffusion Raman

Considérons une liaison moléculaire dont une fréquence de vibration ω_v est active par effet thermique, par exemple. La polarisabilité devient $\alpha(1 + b\cos(\omega_v t))$ dans l'approximation de l'oscillateur harmonique. Le dipôle induit vaut alors :

$$\mu = \alpha.a\cos(\omega t) + \alpha.ab\cos(\omega t)\cos(\omega_v t) \tag{B.1}$$

soit

$$\mu = \alpha.a\cos(\omega t) + \frac{1}{2}\alpha.ab[\cos((\omega+\omega_v)t) + \cos((\omega-\omega_v)t)] \tag{B.2}$$

Il apparaît deux fréquences différentes de celle de l'excitatrice $(\omega + \omega_v)$ et $(\omega - \omega_v)$. Les fréquences basse et haute correspondent respectivement à la diffusion Raman Stokes et anti-Stokes.

Cette interprétation classique de l'effet Raman permet d'expliquer l'origine des deux fréquences observées expérimentalement. Cependant, l'intensité relative des deux ondes émises ne peut être expliquée que par la théorie quantique. Il faut, en effet, introduire les deux niveaux d'énergie de la molécule dont les populations respectives découlent du facteur de Boltzmann. Le rapport des intensités des raies Stokes et anti-Stokes est lié à ce facteur. Nous nous sommes intéressés dans cette étude uniquement à la raie la plus intense, la raie Stokes.

B.2 Bandes caractéristiques du silicium

L'interprétation des spectres Raman du silicium cristallin et amorphe est liée à la connaissance de leur densité d'états de phonons.
La densité d'états de phonons du silicium cristallin ainsi que le spectre Raman expérimental d'un échantillon de silicium cristallin sont respectivement représentés sur la figure B.1. Les bandes dominantes de la densité d'états sont centrées à 190, 325, 390 et 480 cm^{-1}. Elles correspondent respectivement aux modes transverse acoustique (TA), longitudinal acoustique (LA), longitudinal optique (LO) et transverse optique (TO). Nous pouvons remarquer que, si l'intensité relative des différents pics et leur fréquence ne sont pas parfaitement conformes à l'expérience, toutes les bandes sont mises en évidence par la théorie.

La structure joue un rôle sur la densité d'états de phonons et nous pouvons donc s'attendre à des modifications lorsque nous passons d'une structure cristalline à une structure amorphe. Ainsi, la densité d'états de phonons du silicium amorphe a été obtenue à partir

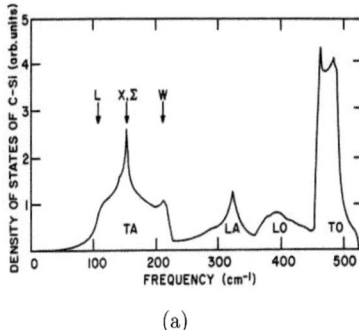 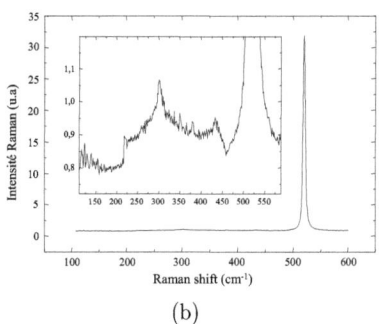

(a)   (b)

FIG. B.1 – a) Densité d'états de phonons du silicium cristallin obtenue à partir du réseau de Bethe et b) spectre Raman d'un échantillon de silicium cristallin

de celle du silicium cristallin grâce à l'utilisation de modèles tels que celui de Bethe ou celui de Wooten, Winer et Weaire.

Le spectre Raman expérimental d'un film de silicium amorphe élaboré par évaporation sous ultravide est également représenté sur la figure B.2. Nous pouvons remarquer une grande similarité entre le spectre expérimental et la densité d'états de phonons du silicium amorphe. Un point important mis en évidence par cette étude est la corrélation entre l'ordre structural et les différents modes. En effet, il est démontré que les modes LA et LO sont principalement sensibles à l'ordre à moyenne distance alors que les modes TA et TO sont sensibles à l'ordre à courte distance. Une étude de Ovsyuk et al. a démontré que la bande à 150 cm^{-1} (TA) était également plus sensible au désordre que la bande à 480 cm^{-1} (TO). La bande à 150 cm^{-1} est donc un signe important du caractère amorphe d'un film de silicium.

La taille des grains a également une influence sur le spectre Raman. Ainsi, Campbell et Fauchet ont montré que la petite taille du cristal diffusant conduit à un élargissement de la raie et à un déplacement vers les petits nombres d'onde. Ils observent également une différence selon la forme des cristaux (sphère, colonne, plaque). Zi et al. ont effectué des calculs similaires avec des nanocristaux de silicium de forme sphérique ou colonnaire. Le déplacement Raman dû à l'effet de confinement peut être décrit par la relation $\Delta\omega = \omega(L) - \omega_0 = -A(a/L)^\gamma$ où $\omega(L)$ est la fréquence du pic Raman dans un cristal de taille L, ω_0 est la fréquence du phonon optique au centre de la zone de Brillouin et a est la constante du réseau. Les paramètres valent respectivement 47.41 et 20.92 cm^{-1} pour A et 1.44 et 1.08 pour γ dans le cas de cristaux sphériques et colonnaires.

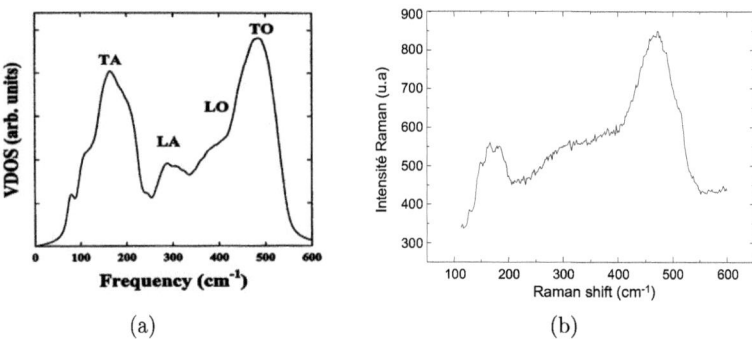

FIG. B.2 – a) Densité d'états de phonons du silicium amorphe obtenue par la méthode de Wooten, Winer et Weaire et b) spectre Raman d'un film de silicium amorphe

Production scientifique de l'auteur

Articles de journaux

B. Rezgui, A. Sibai, T. Nychyporuk, M. Lemiti, and G. Brémond, *Effect of total pressure on the formation and size evolution of Si quantum dots synthesized by pulsed PECVD precess*, App. Phys. Lett. 96, 183105 (2010)

B. Rezgui, A. Sibai, T. Nychyporuk, M. Lemiti, and G. Brémond, *Luminescence mechanisms in Si quantum dots-SiN$_x$ nanocomposite structures*, J. Vac. Sci. Technol. B 27, 2238 (2009)

B. Rezgui, A. Sibai, T. Nychyporuk, M. Lemiti, and G. Brémond, *Photoluminescence and optical absorption properties of silicon quantum dots embedded in Si-rich silicon nitride matrix*, J. Lumin. 129, 1744 (2009)

F. Gourbilleau, C. Dufour, **B. Rezgui**, and G. Brémond, *Silicon nanostructures for solar cell applications*, Mater. Sci. Eng. B 159, 70 (2009)

Articles d'acte de colloque

B. Rezgui, T. Nychyporuk, A. Sibai, D. Bellet, A. Poncet, D. Maestre, O. Palais, M. Lemiti, and G. Bremond, *A route toward the optimized optical and electrical properties of Si quantum dots/SiN$_x$ composite structures for third generation solar cell applications*, 24th European Photovoltaic Solar Energy Conference (EPSEC), Septembre 2009, Hamburg, Allemagne. pp. 415 - 417

Y. Sayad, D. Blanc, A. Kaminski, **B. Rezgui**, G. Bremond, and M. Lemiti, *Evaluation of minority carrier diffusion length in photovoltaic silicon from room temperature photoluminescence measurements*, 24th European Photovoltaic Solar Energy Conference (EPSEC), Septembre 2009, Hamburg, Allemagne. pp. 2107 - 2109

B. Rezgui, A. Sibai, T. Nychyporuk, O. Marty, M. Lemiti, and G. Brémond, *Bandgap engineering of silicon quantum dot nanostructures for highly efficient silicon solar cell : the tandem approach*, MRS Proceedings, Décembre 2008, Boston MA, USA

B. Rezgui, T. Nychyporuk, A. Sibai, D. Bellet, M. Lemiti, and G. Brémond, *Optical and structural characterization of silicon nanocrystals embedded in a dielectric matrix for all-silicon tandem solar cells*, 23rd European Photovoltaic Solar Energy Conference (EPSEC), Septembre 2008, Valencia, Espagne. pp. 696-699

T. Nychyporuk, **B. Rezgui**, A. Sibai, R. Orobtchouk, G. Brémond, and M. Lemiti, *Towards a 3rd Generation Photovoltaic : Absorption Properties of Silicon Nanocrystals Imbedded in Silicon Nitride Matrix*, 23rd European Photovoltaic Solar Energy Conference (EPSEC), Septembre 2008, Valencia, Espagne, pp. 491-494

Communications en conférences nationales et internationales

B. Rezgui, Z. Lin, T. Nychyporuk, A. Sibai, M. Lemiti, and G. Brémond, *Size-dependent* *current tunneling from highly packed silicon nanocrystals*, présentation poster, European School "Physics of solar cells : from basics to last developments", 30 Janv. - 4 Févr. 2011, Les Houches, France

B. Rezgui, A. Sibai, T. Nychyporuk, M. Lemiti, and G. Brémond, *Electrical properties of Si nanocrystals for advanced solar cell concepts*, présentation orale, European-Material Research Society (E-MRS) Conference, 7 - 11 Juin 2010, Strasbourg, France

B. Rezgui, Z. Lin, T. Nychyporuk, A. Sibai, M. Lemiti, and G. Brémond, *Size-dependent current tunneling from highly packed silicon nanocrystals*, présentation poster, European-Material Research Society (E-MRS) Conference, 7 - 11 Juin 2010, Strasbourg, France (**Prix du meilleur poster - symposium I**)

B. Rezgui, T. Nychyporuk, A. Sibai, D. Bellet, A. Poncet, D. Maestre, O. Palais, M. Lemiti, and G. Brémond, *A route toward the optimized optical and electrical properties of Si quantum dots/SiN_x composite structures for third generation solar cell applications*, présentation poster, 24rd European Photovoltaic Solar Energy Conference (EPSEC), 21 - 25 Septembre 2009, Hamburg, Allemagne

T. Nychyporuk, **B. Rezgui**, G. Brémond, and M. Lemiti, *Monodispersed Single-Phase Nanocrystalline Silicon Films for all-Si Tandems*, présentation poster, 24rd European Photovoltaic Solar Energy Conference (EPSEC), 21 - 25 Septembre 2009, Hamburg, Allemagne

T. Nychyporuk, **B. Rezgui**, A. Fave, A. Sibai, B. Canut, G. Brémond, and M. Lemiti, *Nanostructured Si-based materials for 3rd generation photovoltaic solar cells*, présentation orale, 8th France-Japan Workshop on Nanomaterials, 15 - 17 Juin 2009, Tsukuba, Japan

B. Rezgui, T. Nychyporuk, A. Sibai, D. Bellet, A. Poncet, D. Maestre, O. Palais, M. Lemiti, and G. Brémond, *Controlling the photovoltaic properties of engineered silicon quantum dots for highly efficient Si-based tandem solar cells*, présentation orale, European-Material Research Society (E-MRS) Conference, 8 - 12 Juin 2009, Strasbourg, France

B. Rezgui, A. Sibai, T. Nychyporuk, O. Marty, M. Lemiti, and G. Brémond, *Bandgap engineering of silicon quantum dot nanostructures for high efficient silicon solar cell : the tandem approach*, présentation orale, Material Research Society (MRS) conference, 1 - 5 Décembre 2008, Boston MA, USA

B. Rezgui, T. Nychyporuk, A. Sibai, D. Bellet, M. Lemiti, et G. Brémond, *Optical and structural characterization of silicon nanocrystals embedded in a dielectric matrix for all-silicon tandem solar cells*, présentation poster, 23rd EPSEC conference, 1 - 5 Septembre 2008, Valencia, Espagne

B. Rezgui, A. Sibai, T. Nychyporuk, M. Lemiti et G. Brémond, *Photoluminescence and optical absorption properties of silicon quantum dots embedded in Si-rich silicon nitride matrix*, présentation poster, International Conference on Luminescence and Optical Spectroscopy (ICL'08), 7 - 11 Juillet 2008, Lyon, France

B. Rezgui, T. Nychyporuk, A. Sibai, D. Bellet, M. Lemiti, and G. Brémond, *Nanostructures de silicium pour des applications en cellule photovoltaïque tandem*, présentation poster,

11me Journées Nano, Micro et Optoélectronique, 3 - 6 Juin 2008, Ile d'Oléron, France

G. Brémond, **B. Rezgui**, T. Nychyporuk, A. Sibai, D. Bellet, and M. Lemiti, *Study of the physical and optical properties of silicon quantum dot nanostructures in SiN_x matrix for photovoltaic applications*, présentation poster, European-Material Research Society (E-MRS) Conference, 26 - 30 May 2008, Strasbourg, France

I want morebooks!

Buy your books fast and straightforward online - at one of the world's fastest growing online book stores! Environmentally sound due to Print-on-Demand technologies.

Buy your books online at
www.get-morebooks.com

Achetez vos livres en ligne, vite et bien, sur l'une des librairies en ligne les plus performantes au monde!
En protégeant nos ressources et notre environnement grâce à l'impression à la demande.

La librairie en ligne pour acheter plus vite
www.morebooks.fr

OmniScriptum Marketing DEU GmbH
Heinrich-Böcking-Str. 6-8
D - 66121 Saarbrücken

Telefax: +49 681 93 81 567-9

info@omniscriptum.de
www.omniscriptum.de

Printed by Books on Demand GmbH, Norderstedt / Germany